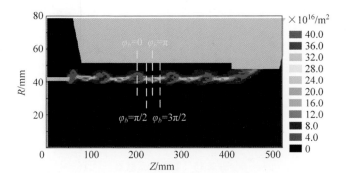

图 2.4 低磁场漂移管中的束流密度分布

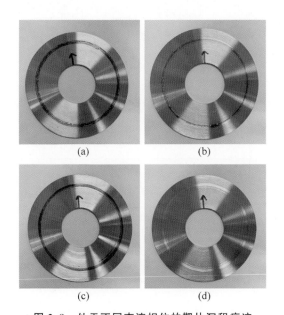

图 2.8 处于不同束流相位的靶片沉积痕迹

(a) $Z_0 = 2.5$ mm；(b) $Z_0 = 18.5$ mm；(c) $Z_0 = 34.5$ mm；(d) $Z_0 = 50.5$ mm

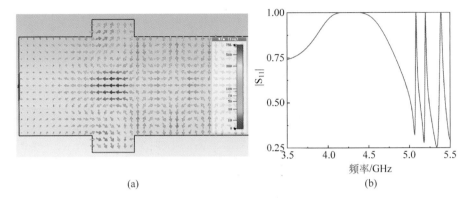

(a)   (b)

图 2.15 TM_{021} 反射器

（a）电场分布；（b）反射特性

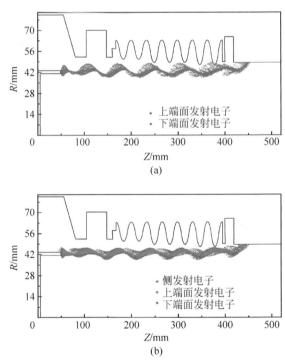

图 2.24   不同阴极发射模型对应的电子实空间分布

（a）仅端面发射；（b）存在 1 mm 侧发射

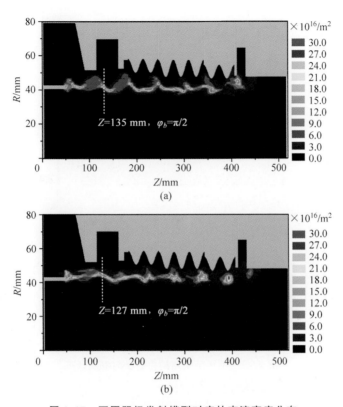

图 2.27 不同阴极发射模型对应的束流密度分布

（a）仅端面发射；（b）存在 1 mm 侧发射

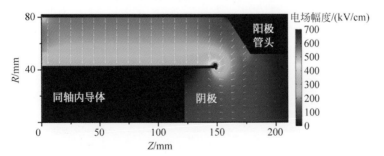

图 2.29 无箔二极管结构电场分布

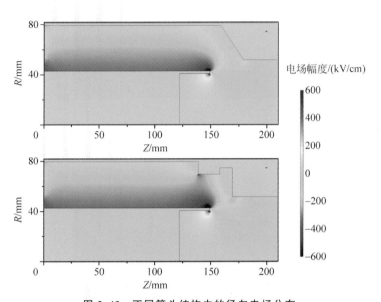

图 2.43　不同管头结构内的径向电场分布

(a) 传统斜面管头；(b) 带阳极腔的矩形管头

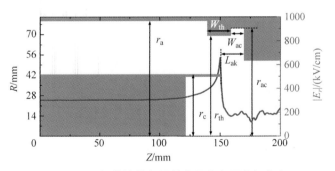

图 3.2　二极管结构与同轴内导体表面电场分布

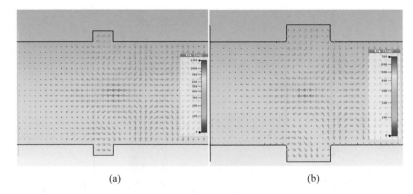

(a)   (b)

图 3.3　谐振反射器电场分布

（a）TM_{020} 反射器；（b）TM_{021} 倒角反射器

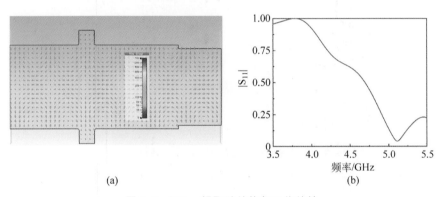

(a)   (b)

图 3.7　TM_{020} 提取腔结构与工作特性

（a）电场分布；（b）反射特性

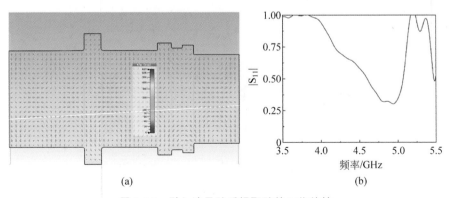

(a)   (b)

图 3.11　引入波导腔后提取腔的工作特性

（a）电场分布；（b）反射特性

图 4.8　不锈钢靶片上电子束轰击痕迹

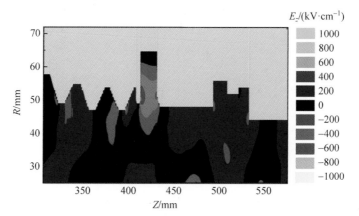

图 4.27　器件内的射频场分布

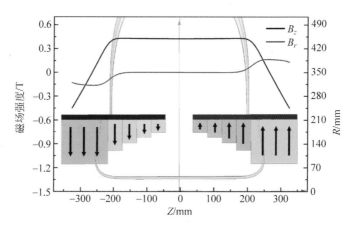

图 4.32　永磁体初步设计结果

清华大学优秀博士学位论文丛书

C波段低磁场高效率
相对论返波管研究

王荟达 （Wang Huida） 著

Research on a C-Band High-efficiency
Relativistic Backward-wave Oscillator with
Low-magnetic-field Operation

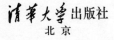
清华大学出版社
北 京

内 容 简 介

本书对近年来低磁场高功率微波产生器件的发展现状和趋势进行了梳理,介绍了相对论返波管在低磁场条件下的典型特征;围绕低磁场环形强流电子束的振荡特征,阐述了束流相位和振荡幅度影响低磁场相对论返波管工作的机理;并对调控器件内束流振荡和射频功率分布以提升工作效率的方法进行了详细讨论。本书内容涵盖相对论返波管的工作原理和物理内涵、电参数和结构参数的选取原则与设计方法、器件的仿真与实验方法,可作为高功率微波产生技术等专业领域研究人员的参考书籍。

图书在版编目(CIP)数据

C波段低磁场高效率相对论返波管研究/王荟达著.—北京:清华大学出版社,2022.8

(清华大学优秀博士学位论文丛书)

ISBN 978-7-302-60887-5

Ⅰ.①C… Ⅱ.①王… Ⅲ.①相对论返波管-研究 Ⅳ.①TN125

中国版本图书馆 CIP 数据核字(2022)第 083312 号

责任编辑:戚　亚
封面设计:傅瑞学
责任校对:赵丽敏
责任印制:宋　林

出版发行:清华大学出版社
　　　　　 网　　　址:http://www.tup.com.cn, http://www.wqbook.com
　　　　　 地　　　址:北京清华大学学研大厦 A 座　　　　**邮　　编:**100084
　　　　　 社 总 机:010-83470000　　　　　　　　　　**邮　　购:**010-62786544
　　　　　 投稿与读者服务:010-62776969,c-service@tup.tsinghua.edu.cn
　　　　　 质量反馈:010-62772015,zhiliang@tup.tsinghua.edu.cn
印 装 者:三河市东方印刷有限公司
经　　销:全国新华书店
开　　本:155mm×235mm　　**印　张:**10.25　　**插　页:**3　　**字　　数:**177 千字
版　　次:2022 年 8 月第 1 版　　　　　　　　　**印　　次:**2022 年 8 月第 1 次印刷
定　　价:89.00 元

产品编号:096632-01

一流博士生教育
体现一流大学人才培养的高度（代丛书序）^①

人才培养是大学的根本任务。只有培养出一流人才的高校，才能够成为世界一流大学。本科教育是培养一流人才最重要的基础，是一流大学的底色，体现了学校的传统和特色。博士生教育是学历教育的最高层次，体现出一所大学人才培养的高度，代表着一个国家的人才培养水平。清华大学正在全面推进综合改革，深化教育教学改革，探索建立完善的博士生选拔培养机制，不断提升博士生培养质量。

学术精神的培养是博士生教育的根本

学术精神是大学精神的重要组成部分，是学者与学术群体在学术活动中坚守的价值准则。大学对学术精神的追求，反映了一所大学对学术的重视、对真理的热爱和对功利性目标的摒弃。博士生教育要培养有志于追求学术的人，其根本在于学术精神的培养。

无论古今中外，博士这一称号都和学问、学术紧密联系在一起，和知识探索密切相关。我国的博士一词起源于 2000 多年前的战国时期，是一种学官名。博士任职者负责保管文献档案、编撰著述，须知识渊博并负有传授学问的职责。东汉学者应劭在《汉官仪》中写道："博者，通博古今；士者，辩于然否。"后来，人们逐渐把精通某种职业的专门人才称为博士。博士作为一种学位，最早产生于 12 世纪，最初它是加入教师行会的一种资格证书。19世纪初，德国柏林大学成立，其哲学院取代了以往神学院在大学中的地位，在大学发展的历史上首次产生了由哲学院授予的哲学博士学位，并赋予了哲学博士深层次的教育内涵，即推崇学术自由、创造新知识。哲学博士的设立标志着现代博士生教育的开端，博士则被定义为独立从事学术研究、具备创造新知识能力的人，是学术精神的传承者和光大者。

---

① 本文首发于《光明日报》,2017 年 12 月 5 日。

　　博士生学习期间是培养学术精神最重要的阶段。博士生需要接受严谨的学术训练，开展深入的学术研究，并通过发表学术论文、参与学术活动及博士论文答辩等环节，证明自身的学术能力。更重要的是，博士生要培养学术志趣，把对学术的热爱融入生命之中，把捍卫真理作为毕生的追求。博士生更要学会如何面对干扰和诱惑，远离功利，保持安静、从容的心态。学术精神，特别是其中所蕴含的科学理性精神、学术奉献精神，不仅对博士生未来的学术事业至关重要，对博士生一生的发展都大有裨益。

独创性和批判性思维是博士生最重要的素质

　　博士生需要具备很多素质，包括逻辑推理、言语表达、沟通协作等，但是最重要的素质是独创性和批判性思维。

　　学术重视传承，但更看重突破和创新。博士生作为学术事业的后备力量，要立志于追求独创性。独创意味着独立和创造，没有独立精神，往往很难产生创造性的成果。1929年6月3日，在清华大学国学院导师王国维逝世二周年之际，国学院师生为纪念这位杰出的学者，募款修造"海宁王静安先生纪念碑"，同为国学院导师的陈寅恪先生撰写了碑铭，其中写道："先生之著述，或有时而不章；先生之学说，或有时而可商；惟此独立之精神，自由之思想，历千万祀，与天壤而同久，共三光而永光。"这是对于一位学者的极高评价。中国著名的史学家、文学家司马迁所讲的"究天人之际，通古今之变，成一家之言"也是强调要在古今贯通中形成自己独立的见解，并努力达到新的高度。博士生应该以"独立之精神、自由之思想"来要求自己，不断创造新的学术成果。

　　诺贝尔物理学奖获得者杨振宁先生曾在20世纪80年代初对到访纽约州立大学石溪分校的90多名中国学生、学者提出："独创性是科学工作者最重要的素质。"杨先生主张做研究的人一定要有独创的精神、独到的见解和独立研究的能力。在科技如此发达的今天，学术上的独创性变得越来越难，也愈加珍贵和重要。博士生要树立敢为天下先的志向，在独创性上下功夫，勇于挑战最前沿的科学问题。

　　批判性思维是一种遵循逻辑规则、不断质疑和反省的思维方式，具有批判性思维的人勇于挑战自己，敢于挑战权威。批判性思维的缺乏往往被认为是中国学生特有的弱项，也是我们在博士生培养方面存在的一个普遍问题。2001年，美国卡内基基金会开展了一项"卡内基博士生教育创新计划"，针对博士生教育进行调研，并发布了研究报告。该报告指出：在美国和欧洲,培养学生保持批判而质疑的眼光看待自己、同行和导师的观点同样非常不容易,批判性思维的培养必须成为博士生培养项目的组成部分。

对于博士生而言,批判性思维的养成要从如何面对权威开始。为了鼓励学生质疑学术权威、挑战现有学术范式,培养学生的挑战精神和创新能力,清华大学在 2013 年发起"巅峰对话",由学生自主邀请各学科领域具有国际影响力的学术大师与清华学生同台对话。该活动迄今已经举办了 21期,先后邀请 17 位诺贝尔奖、3 位图灵奖、1 位菲尔兹奖获得者参与对话。诺贝尔化学奖得主巴里・夏普莱斯(Barry Sharpless)在 2013 年 11 月来清华参加"巅峰对话"时,对于清华学生的质疑精神印象深刻。他在接受媒体采访时谈道:"清华的学生无所畏惧,请原谅我的措辞,但他们真的很有胆量。"这是我听到的对清华学生的最高评价,博士生就应该具备这样的勇气和能力。培养批判性思维更难的一层是要有勇气不断否定自己,有一种不断超越自己的精神。爱因斯坦说:"在真理的认识方面,任何以权威自居的人,必将在上帝的嬉笑中垮台。"这句名言应该成为每一位从事学术研究的博士生的箴言。

提高博士生培养质量有赖于构建全方位的博士生教育体系

一流的博士生教育要有一流的教育理念,需要构建全方位的教育体系,把教育理念落实到博士生培养的各个环节中。

在博士生选拔方面,不能简单按考分录取,而是要侧重评价学术志趣和创新潜力。知识结构固然重要,但学术志趣和创新潜力更关键,考分不能完全反映学生的学术潜质。清华大学在经过多年试点探索的基础上,于 2016年开始全面实行博士生招生"申请-审核"制,从原来的按照考试分数招收博士生,转变为按科研创新能力、专业学术潜质招收,并给予院系、学科、导师更大的自主权。《清华大学"申请-审核"制实施办法》明晰了导师和院系在考核、遴选和推荐上的权力和职责,同时确定了规范的流程及监管要求。

在博士生指导教师资格确认方面,不能论资排辈,要更看重教师的学术活力及研究工作的前沿性。博士生教育质量的提升关键在于教师,要让更多、更优秀的教师参与到博士生教育中来。清华大学从 2009 年开始探索将博士生导师评定权下放到各学位评定分委员会,允许评聘一部分优秀副教授担任博士生导师。近年来,学校在推进教师人事制度改革过程中,明确教研系列助理教授可以独立指导博士生,让富有创造活力的青年教师指导优秀的青年学生,师生相互促进、共同成长。

在促进博士生交流方面,要努力突破学科领域的界限,注重搭建跨学科的平台。跨学科交流是激发博士生学术创造力的重要途径,博士生要努力提升在交叉学科领域开展科研工作的能力。清华大学于 2014 年创办了"微沙龙"平台,同学们可以通过微信平台随时发布学术话题,寻觅学术伙伴。3年来,博士生参与和发起"微沙龙"12 000 多场,参与博士生达 38 000 多人次。"微沙龙"促进了不同学科学生之间的思想碰撞,激发了同学们的学术志趣。清华于 2002 年创办了博士生论坛,论坛由同学自己组织,师生共同参与。博士生论坛持续举办了 500 期,开展了 18 000 多场学术报告,切实起到了师生互动、教学相长、学科交融、促进交流的作用。学校积极资助博士生到世界一流大学开展交流与合作研究,超过 60% 的博士生有海外访学经历。清华于 2011 年设立了发展中国家博士生项目,鼓励学生到发展中国家亲身体验和调研,在全球化背景下研究发展中国家的各类问题。

在博士学位评定方面,权力要进一步下放,学术判断应该由各领域的学者来负责。院系二级学术单位应该在评定博士论文水平上拥有更多的权力,也应担负更多的责任。清华大学从 2015 年开始把学位论文的评审职责授权给各学位评定分委员会,学位论文质量和学位评审过程主要由各学位分委员会进行把关,校学位委员会负责学位管理整体工作,负责制度建设和争议事项处理。

全面提高人才培养能力是建设世界一流大学的核心。博士生培养质量的提升是大学办学质量提升的重要标志。我们要高度重视、充分发挥博士生教育的战略性、引领性作用,面向世界、勇于进取,树立自信、保持特色,不断推动一流大学的人才培养迈向新的高度。

清华大学校长

2017 年 12 月 5 日

丛书序二

以学术型人才培养为主的博士生教育,肩负着培养具有国际竞争力的高层次学术创新人才的重任,是国家发展战略的重要组成部分,是清华大学人才培养的重中之重。

作为首批设立研究生院的高校,清华大学自 20 世纪 80 年代初开始,立足国家和社会需要,结合校内实际情况,不断推动博士生教育改革。为了提供适宜博士生成长的学术环境,我校一方面不断地营造浓厚的学术氛围,一方面大力推动培养模式创新探索。我校从多年前就已开始运行一系列博士生培养专项基金和特色项目,激励博士生潜心学术、锐意创新,拓宽博士生的国际视野,倡导跨学科研究与交流,不断提升博士生培养质量。

博士生是最具创造力的学术研究新生力量,思维活跃,求真求实。他们在导师的指导下进入本领域研究前沿,吸取本领域最新的研究成果,拓宽人类的认知边界,不断取得创新性成果。这套优秀博士学位论文丛书,不仅是我校博士生研究工作前沿成果的体现,也是我校博士生学术精神传承和光大的体现。

这套丛书的每一篇论文均来自学校新近每年评选的校级优秀博士学位论文。为了鼓励创新,激励优秀的博士生脱颖而出,同时激励导师悉心指导,我校评选校级优秀博士学位论文已有 20 多年。评选出的优秀博士学位论文代表了我校各学科最优秀的博士学位论文的水平。为了传播优秀的博士学位论文成果,更好地推动学术交流与学科建设,促进博士生未来发展和成长,清华大学研究生院与清华大学出版社合作出版这些优秀的博士学位论文。

感谢清华大学出版社,悉心地为每位作者提供专业、细致的写作和出版指导,使这些博士论文以专著方式呈现在读者面前,促进了这些最新的优秀研究成果的快速广泛传播。相信本套丛书的出版可以为国内外各相关领域或交叉领域的在读研究生和科研人员提供有益的参考,为相关学科领域的发展和优秀科研成果的转化起到积极的推动作用。

感谢丛书作者的导师们。这些优秀的博士学位论文,从选题、研究到成文,离不开导师的精心指导。我校优秀的师生导学传统,成就了一项项优秀的研究成果,成就了一大批青年学者,也成就了清华的学术研究。感谢导师们为每篇论文精心撰写序言,帮助读者更好地理解论文。

感谢丛书的作者们。他们优秀的学术成果,连同鲜活的思想、创新的精神、严谨的学风,都为致力于学术研究的后来者树立了榜样。他们本着精益求精的精神,对论文进行了细致的修改完善,使之在具备科学性、前沿性的同时,更具系统性和可读性。

这套丛书涵盖清华众多学科,从论文的选题能够感受到作者们积极参与国家重大战略、社会发展问题、新兴产业创新等的研究热情,能够感受到作者们的国际视野和人文情怀。相信这些年轻作者们勇于承担学术创新重任的社会责任感能够感染和带动越来越多的博士生,将论文书写在祖国的大地上。

祝愿丛书的作者们、读者们和所有从事学术研究的同行们在未来的道路上坚持梦想,百折不挠!在服务国家、奉献社会和造福人类的事业中不断创新,做新时代的引领者。

相信每一位读者在阅读这一本本学术著作的时候,在吸取学术创新成果、享受学术之美的同时,能够将其中所蕴含的科学理性精神和学术奉献精神传播和发扬出去。

清华大学研究生院院长

2018 年 1 月 5 日

导师序言

　　高功率微波是指峰值功率超过 100 MW 或者平均功率大于 1 MW 的强电磁脉冲辐射。高功率微波技术最早源于对核聚变与等离子体的研究，自 20 世纪 70 年代以来，高功率微波产生技术得到了迅速的发展，国内外研究人员已在实现高功率、高效率及脉冲重复频率等方面取得了丰硕成果，目前该技术处于从实验室基础研究向工程化应用转型的关键阶段。

　　作为极有工程应用前景的高功率微波产生器件，相对论返波管具有高功率、高效率的优点，同时还具有较好的频率调谐和拓展能力，可用于产生 L 波段、S 波段、C 波段、X 波段与毫米波段的高功率微波辐射。经过近半个世纪的发展，使用强引导磁场的相对论返波管已经实现 C 波段功率超过 6 GW（效率达到 36%）、X 波段功率超过 3 GW（效率达到 40%）的微波输出。

　　然而，用于引导返波管工作的强磁场系统（包括螺线管磁体系统和超导磁体系统）存在磁体系统能耗巨大和体积庞大两方面的缺陷。磁体及配套系统体积远大于高功率微波产生器件本身的尺寸，严重限制了高功率微波产生系统的紧凑化和小型化。因此，降低相对论返波管工作所需的引导磁场强度，使其在低磁场下高效工作并最终实现永磁包装，是推动高功率微波技术走向实用的重要技术路线。

　　尽管针对低磁场高功率微波产生器件的研究工作已开展多年，但人们对低磁场情况下强流电子束的运动规律、束流与强电磁场的互作用特性仍缺乏系统深入的研究，以至于长期以来工作效率始终较低，成为了制约其发展的瓶颈。

　　在此背景下，本书立足于速调型相对论返波管的技术路线，旨在提升低磁场相对论返波管的转换效率，分别围绕强流相对论电子束与强电磁场两个角度开展了相对论返波管的研究和设计工作。基于束流的低磁场传输特征，提出了通过控制束流振荡相位和幅度实现降低束流能散、增强束流群聚的物理机制；基于速调型返波管中电子束与电磁场的互作用特征，通过射频场优化、非均匀慢波结构、内反射器和波导腔等方法对射频功率进行调控，大幅提高了束-波转换效率。

相对论返波管涉及强电磁场与强流带电粒子的非线性相互作用过程、电磁边界条件和通常难以避免的等离子体问题。而在低磁场条件下，由于强流电子束发射、传输与束-波互作用过程中所受到的磁约束不足，电磁边界条件向更高维度延伸，实际物理过程会变得更加复杂。

本书通过清晰、简洁的物理模型，对相对论返波管在低磁场下的物理过程展开了研究，获得了明确且具有实用价值的结论，这对相关的研究工作以及高功率微波技术的实际应用将起到积极的推动作用。希望本书对从事高功率微波产生，尤其是相对论返波管研究的科研人员和工程技术人员有所帮助，并为其他微波产生器件的研究提供参考。

范如玉

清华大学工程物理系

2022 年 1 月 20 日

摘　要

目前用于引导高功率微波(HPM)产生器工作的强磁场系统限制了HPM技术的实用化,因而使用低磁场引导的HPM产生器逐渐成为研究热点。相对论返波管(RBWO)作为HPM产生器件的典型代表,具有高功率、适合重频工作的优势,但在低磁场下工作效率始终较低,成为制约其发展的瓶颈。

在此背景下,本书基于速调型RBWO的基本构型,针对其低磁场工作时存在的束流包络展宽较宽、群聚电流较低、能量提取不充分等典型工作特征,提出并研究了一种低磁场高效率RBWO,结合理论分析、数值模拟与实验研究,大幅提高了低磁场RBWO的转换效率。

本书研究的着眼点之一在于低磁场束流的规律认识和有效调控。一方面从束流振荡相位出发,通过理论分析揭示了强微波场中束流相位影响包络扩散状态的机理,通过控制进入谐振反射器中的束流相位,降低了RBWO中的束流能散,将转换效率提升了8%;另一方面从束流振幅出发,通过三维非线性理论研究给出了束流振幅影响RBWO效率的物理内涵,提出了一种带阳极腔的管头结构,通过局部增强的径向电场有效降低了束流振幅,促进了束流群聚,将转换效率提升了4%。

本书研究的另一个着眼点在于对射频场局部和整体的调控。一方面通过引入提供部分微波反射的波导腔结构显著增强了提取腔中的局部谐振场,增强了产生的集中渡越辐射,将转换效率提升了5%;另一方面通过非均匀慢波结构与内反射器的设计,对器件内的射频功率分布进行了调控,在功率容量允许的范围内使得能量提取更加集中,充分发挥了速调型RBWO能量集中提取的优势。

结合上述设计思想,本书对C波段低磁场高效率RBWO进行了结构设计和宏粒子(PIC)模拟研究。当引导磁场、二极管电压、电流分别为0.32 T、820 kV和15.5 kA时,模拟实现了频率为4.36 GHz、功率为5.3 GW、效率为42%的HPM输出。

　　本书基于 TPG2000 脉冲驱动源开展了相关实验研究。当引导磁场、二极管电压、电流分别为 0.42 T、815 kV 和 18.5 kA 时,所设计的器件在实验中实现了频率为 4.4 GHz、功率为 5.0 GW、效率为 33% 的 HPM 输出,该功率和效率在国际上公开报道的同频段低磁场器件中处于领先水平。最后基于实验结果,进行了永磁体设计,给出了 5 GW 级 HPM 源的永磁包装系统方案。

关键词:高功率微波;相对论返波管;低磁场;束流包络;束-波转换效率

Abstract

At present, the application of high-power microwave technology is limited by the strong magnetic field system commonly used to guide high-power microwave (HPM) generator. Relativistic backward-wave oscillator (RBWO), as a typical representative of HPM generators, has the advantages of high power and high-repetitive operation, but the work efficiency is always low under low magnetic field, which becomes the bottleneck that restricts its development.

In this book, based on the basic configuration of klystron-like RBWO, a high-efficiency RBWO with low-magnetic-field operation is proposed and studied in view of the low-magnetic-operation characteristics such as the wide beam envelope, low bunch current and insufficient energy extraction. Through theoretical research, numerical simulation and experimental study, the conversion efficiency of C-band RBWO with low-magnetic-field operation is remarkably raised.

One of the focus of this book is to understand the law of low-magnetic-field beam and to control it effectively. On the one hand, from the view of the beam oscillation phase, the mechanism of the beam phase affecting the envelope expansion state in the strong microwave field is revealed through theoretical analysis. By controlling the beam phase entering the resonant reflector, the beam energy spread in RBWO is reduced, and the device efficiency is increased by 8%. On the other hand, from the view of the beam amplitude, the physical connotation of the amplitude of beam envelope affecting the efficiency of RBWO is given through three-dimensional nonlinear theory, and a tube head structure with anode cavity is put forward. The amplitude of beam envelope is reduced effectively by locally enhanced radial electric field, and the beam bunching is promoted, which enhanced conversion efficiency by 4%.

Another focus of this book is the local and global control of RF field.

On the one hand, the resonant field in the extraction cavity is enhanced by introducing the waveguide cavity structure which provides partial microwave reflection, and the concentrated transit radiation is enhanced, and the efficiency is increased by 5%. On the other hand, the RF power distribution in the device is controlled by non-uniform slow wave structure and internal reflector, which makes the energy extraction more concentrated in the extraction cavity and gives full play to the advantage of klystron-like RBWO energy concentration extraction.

Combined with the above-mentioned design idea, the device design and particle-in-cell simulation of high efficiency RBWO with low magnetic field in C band are carried out. With a guiding magnetic field of 0. 32 T, when the diode voltage is 820 kV and the current is 15. 5 kA, a microwave with frequency of 4. 36 GHz, power of 5. 3 GW is generated in the simulation, indicating a conversion efficiency of 42%.

Based on TPG 2000 pulse power generator, the relevant experimental research was carried out. After intense optimization of experimental structures, a microwave with frequency of 4. 4 GHz, power of 5. 0 GW is generated in the experiment, with a guiding magnetic field of 0. 42 T, a diode voltage of 815 kV and a current of 18. 5 kA, indicating a conversion efficiency of 33%. This is a record of high power and high efficiency of HPM generator with low magnetic field in the same frequency band. At last, based on the experimental results, a permanent magnet for the RBWO operation is designed, and the system scheme of a 5 GW-level permanent magnet packaging HPM source is given.

Key words: high power microwave; relativistic backward-wave oscillator; low-magnetic-field operation; electron beam envelope; beam-wave conversion efficiency

缩略语对照表

AKA   轴向速调管放大器(axial klystron amplifier)

FEL   自由电子激光(free electron laser)

HPM   高功率微波(high power microwave)

KL-RBWO   速调型相对论返波管 (klystron-like relativistic backward-wave oscillator)

MILO   磁绝缘线振荡器(magnetically insulated transmission line oscillator)

MWCG   多波切伦科夫产生器(multiwave Cherenkov generator)

OSWG   过模慢波产生器(overmoded slow-wave generator)

Pasotron   等离子体辅助慢波结构振荡器(plasma-assisted slow-wave oscillator)

RBWO   相对论返波管(relativistic backward wave-oscillator)

RG   相对论回旋管(relativistic gyrotron)

RM   相对论磁控管(relativistic magnetron)

RKA   相对论速调管放大器(relativistic klystron amplifier)

RKO   相对论速调管振荡器(relativistic klystron oscillator)

RL-TTO   径向线渡越时间振荡器(radial-line transit time oscillator)

RTWT   相对论行波管(relativistic traveling-wave tube)

SCO   分离腔振荡器(split-cavity oscillator)

TTO   渡越时间振荡器(transit time oscillator)

VCO   虚阴极振荡器(virtual cathode oscillator)

目　录

CONTENTS

第1章 绪 论

高功率微波(high power microwave, HPM)目前并没有被严格定义,其通常是指峰值功率超过 100 MW,频率为 1~300 GHz 的相干电磁辐射[1]。HPM 最早源于对核聚变与等离子体、脉冲功率与高功率粒子束的研究,HPM 技术包括高功率电磁脉冲产生技术、强流相对论电子束产生技术、HPM 元器件技术、HPM 定向发射和传输技术等[2]。由于具有高峰值功率与定向辐射等特点,HPM 在定向能武器、高功率雷达、太空推进器、等离子体加热、射频粒子加速等方面有着比较广阔的应用前景,在过去的几十年中得到了长足的进步[1-6]。

1.1 HPM 源现状与发展趋势

狭义上的 HPM 源通常是指窄谱的 HPM 器件。这类器件一般通过爆炸发射阴极产生强相对论电子束驱动器件,将电子束的动能转换为射频能量[1]。其产生的相干电磁辐射通常具有峰值功率高(0.1~10 GW)、射频谱较窄、脉冲较宽(纳秒级至百纳秒级)、单个脉冲能量高(几焦耳至几百焦耳)等特点。

根据器件中的微波辐射机制可以将窄谱 HPM 器件分为切伦科夫(Cherenkov)器件、韧致辐射器件、渡越辐射器件与空间电荷型器件[7]。切伦科夫器件包括相对论返波管(relativistic backward-wave oscillator,RBWO)、相对论行波管(relativistic traveling-wave tube,RTWT)、多波切伦科夫产生器(multiwave Cherenkov generator,MWCG),还包括相对论磁控管(relativistic magnetron,RM)及其变型磁绝缘线振荡器(magnetically insulated transmission line oscillator,MILO)等[2]。在切伦科夫器件中,电子束主要与相速度小于光速的电磁场模式同步而产生互作用。韧致辐射器件主要包括工作于微波波段的自由电子激光(free electron laser,FEL)和相对论回旋管(relativistic gyrotron,RG)[8],在韧致辐射器件中,电子束主要与快波模式互作用。渡越辐射器件主要包括相对论速调管放大器

(relativistic klystron amplifier，RKA)、相对论速调管振荡器(relativistic klystron oscillator，RKO)、渡越时间振荡器(transit time oscillator，TTO)与分离腔振荡器(split-cavity oscillator，SCO)等。在渡越辐射器件中，电子束在经过介质材料交界或者导体突变结构时，会产生局部的受激辐射，实现电子束与微波的能量交换(即束-波交换或束-波转换)[9]。空间电荷效应器件是基于强流相对论电子束的空间电荷效应而产生微波振荡的器件，主要是指虚阴极振荡器(virtual cathode oscillator，VCO)及其变型。

在过去数十年中，HPM技术得到了美国、俄罗斯、中国、英国、法国、日本、澳大利亚、印度、伊朗等国的广泛关注并获得了持续的研究和发展，现正处于从实验室走向实际应用的关键时期。

国外的代表性工作集中在美国和俄罗斯，它们利用长期积累的科研基础和技术优势，投入了大量人力与财力开展HPM技术的研究，并在多种HPM器件上获得了研究成果，其中典型的器件工作指标[10-19]如表1.1所示。研究成果主要集中在L波段到Ku波段，多数器件的输出功率在500 MW~10 GW，其中最有代表性的HPM器件有RBWO、RKA和RKO、MILO、RM等。苏联科学院大电流所研制的MWCG[10]和美国海军研究实验室研制的RKA[15]在早期有15 GW功率的报道，但后期报道的微波器件的输出功率水平通常在数吉瓦的水平上。

表1.1   国外典型HPM器件的工作指标

器件名称	引导磁场/T	微波频率/GHz	微波功率/GW	脉宽/ns	效率/%	国家	时间/a
MWCG	1.7	10.0	15.0	60	50	苏联	1990[10]
RBWO	2.5	3.6	5.3	25	30	俄罗斯	2002[11]
RBWO	4.5	9.4	4.3	31	22	俄罗斯	2008[12]
VCO	—	6.5	4.0	10	3	美国	1987[13]
VCO	—	1.2	7.5	15	5	美国	1989[14]
RKA	1.0	1.3	15.0	60	50	美国	1990[15]
RKA	0.36	2.9	1.3	110	60	美国	1995[16]
RKO	0.8	1.5	1.3	120	25	美国	1998[17]
MILO	—	2.0	1.2	175	5	美国	1998[18]
RM	0.51	2.4	0.5	20	40	美国	2017[19]

中国自20世纪80年代后期开始HPM器件的研究工作，主要研究单位包括中国工程物理研究院(简称"中物院")、国防科技大学(简称"国防科

大")和西北核技术研究所(简称"西核所")等,典型的器件工作指标[20-26]如表 1.2 所示。其中西核所的肖仁珍等提出的速调型 RBWO 将数吉瓦功率水平的 RBWO 工作效率从 30% 左右提升到了 40% 以上。西核所的 HPM 研究团队在高功率、高效率、高重频运行的 RBWO 研究中积累了大量经验,取得了丰富成果。国防科大实现了 S、C、X 波段 RBWO 的百纳秒长脉冲运行,其中 X 波段 RBWO 在 0.7 T 引导磁场下,实现了频率为 9.45 GHz、功率为 2 GW 的 HPM 输出,实验转换效率约为 28%。中物院在 X 波段高峰值功率 RBWO 研究中获得了频率为 8.45 GHz、功率为 6 GW 的实验 HPM 输出(脉宽为 18 ns,效率为 28%)[23]。

表 1.2 国内典型 HPM 器件的工作指标

器件名称	引导磁场 /T	微波频率 /GHz	微波功率 /GW	脉宽 /ns	效率 /%	研究单位	时间/a
VCO	—	2.0	0.8	60	5	西核所	2011[20]
RBWO	2.2	4.3	6.5	38	36	西核所	2008[21]
RBWO	4	9.8	3.2	27	40	西核所	2012[22]
RBWO	5	8.5	6.0	18	28	中物院	2011[23]
RKA	1.1	2.9	1.2	120	29	中物院	2012[24]
RBWO	2	3.8	1.8	110	24	国防科大	2015[25]
RBWO	2	4.2	1.2	104	24	国防科大	2015[25]
RBWO	0.7	9.5	2.0	100	28	国防科大	2015[25]
MILO	—	1.7	2.2	105	12	国防科大	2014[26]

整体上,在强引导磁场下,工作在厘米波段,微波功率在 1~3 GW 水平的 HPM 源已经趋于成熟。VCO、MILO 与 SCO[27] 等器件工作时不需要外加引导磁场,但这些器件中由于缺乏磁约束而往往导致电子束品质较差,因此效率较低,且难以实现长时间下的重复频率工作;RBWO、RKA 和 RKO、TTO 等器件工作时需外加强引导磁场,保证了电子束的均一性,因此转换效率相对较高。

其中,RBWO 具有高功率、高效率、适合重复频率运行等特点,同时还具有较好的频率调谐和频率拓展能力,可用于产生 L、S、C、X、Ku 波段与毫米波的 HPM 辐射,而其他 HPM 器件基本不具备此特点[27]。可以认为,RBWO 是目前最具有应用潜力的 HPM 产生器件。

现阶段,国际上 HPM 产生技术研究主要呈现出以下四个发展趋势:一是吉瓦级高功率、高效率与重频 HPM 器件研究;二是高功率长脉冲 HPM

产生技术研究；三是关于 HPM 器件调谐、锁频锁相与功率合成技术研究；四是紧凑化和小型化的 HPM 器件研究[27]。其中 HPM 源的紧凑化和小型化正是目前 HPM 技术从实验室向实际应用转型的关键所在，是目前 HPM 技术的重要发展方向。

　　目前 HPM 系统中使用的强引导磁场系统限制了 HPM 技术的实用化。用于引导器件工作的强磁场系统包括螺线管磁体系统[28]和超导磁体系统[29]，主要存在磁体系统能耗巨大和体积庞大两方面的缺陷：螺线管磁体进行长脉冲或重频运行时需要通过水冷系统对磁体进行散热，而超导磁体系统运行时需要庞大的制冷系统以保证超导线圈处于 4 K 左右的低温，二者会造成大量的能耗；这两种磁体系统均包括磁体、供电电源，可能还包括制冷或散热系统，系统体积远大于 HPM 产生源本身的尺寸，不利于 HPM 系统的紧凑化和小型化。

　　在当前的技术水平下，要实现体积紧凑、重量较轻的强磁场系统仍存在科学与技术上的困难，短期内难以取得巨大突破，因此降低 HPM 源运行的引导磁场强度，使其在低磁场下有效工作，有利于 HPM 系统实现长脉冲、重频工作；进一步地，最终实现永磁包装，是实现 HPM 系统紧凑化、小型化的重要技术路线。

1.2　低磁场 HPM 源研究现状

　　对于 O 型 HPM 器件，根据其工作磁场与回旋共振磁场的相对大小，可以分为强磁场器件和低磁场器件。国内外研究人员很早就开始了对低磁场 HPM 器件与无磁场 HPM 器件的研究，相关工作主要包括以下三类：①以 RBWO 和 MWCG 等为代表的低磁场切伦科夫器件；②以 RKA、TTO 为代表的低磁场渡越器件；③以 MILO、SCO、等离子体辅助聚焦器件等为代表的无磁场器件。

1.2.1　低磁场切伦科夫器件

　　切伦科夫器件的特征在于采用了某种慢波结构（slow-wave structure，SWS）使电磁波相速度降低至接近并略低于电子束速度，从而产生持续的相互作用[27]。切伦科夫型 HPM 器件源于常规微波管，将大电压和大电流应用于 BWO 标志了 HPM 时代的开始[30]。目前多个波段、多种过模比（即慢波结构平均直径与微波自由空间波长之比，简称"D/λ"）与多种类型的低磁场切伦科夫器件已经得到了研究。

　　RBWO 是切伦科夫器件的典型代表,其工作时电子束与慢波结构中的返波模式进行能量交换,单模工作的 RBWO 过模比通常满足$(D/\lambda)<1.76$。图 1.1 给出了 RBWO 的典型结构,包括环形阴极、反射结构(截止颈或谐振反射器)、慢波结构、引导磁场系统和电子束收集极。

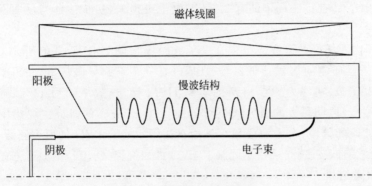

图 1.1　RBWO 的典型结构

　　低磁场下无箔二极管中的强流相对论电子束会存在较为明显的径向展宽,为了使得 RBWO 更适应于低磁场工作,俄罗斯大电流所的 Aleksander V. Gunin 等在 1998 年研制了预调制 RBWO[31],其基本构型如图 1.2 所示。该预调制 RBWO 通过谐振反射器代替截止颈,慢波结构的径向尺寸从 0.7 倍过模增大至 1.5 倍过模,同时电子束半径有效增加,利于器件的低磁场运行。

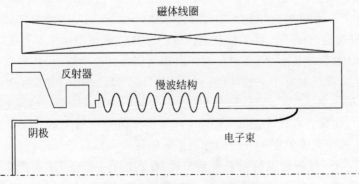

图 1.2　预调制 RBWO 的基本构型

2007 年,大电流所的 A. I. Klimov 等基于预调制 RBWO 研制了 S 波段低磁场 RBWO[33]。该团队在实验中引入了分段的螺线管磁场,使得阴极附近引导磁场要强于束波互作用区域,一方面是为了保证阴极发射的均匀性,另一方面是为了减小电子束的横向动量。当慢波结构中的引导磁场为 0.3 T 时,在频率为 3.6 GHz 下输出微波功率为 2.5 GW,效率为 20%。根据实验结果,在该磁场下约有 3.5 kA 电子束损失,初步估计与反向回流电子相关。

国内西核所的研究人员也开展了低磁场预调制 RBWO 的研究。2007 年,宋志敏研制的 X 波段低磁场 RBWO 在 0.7 T 引导磁场下,获得了频率为 8.7 GHz、功率为 700 MW 的实验 HPM 输出,效率约为 14%、脉宽为 20 ns[34]。国防科大的研究人员对单模工作 RBWO 的研究主要集中在低于 X 波段的频段,在 S 波段和 C 波段采用了空心 RBWO 的研究路线,在 L 波段[35]和 P 波段[36]采用了同轴 RBWO 的研究路线,但目前只有强磁场运行的报道结果。

单模工作 RBWO 的优势在于可以避免多个横向模式同时被激发而引起的模式竞争,从而提高能量转换效率。但是随着器件往更高功率和更高频段发展时,其内部存在的强场击穿问题会导致微波脉冲缩短。为了获取更高的功率容量并拓展工作频段至毫米波波段,需要增大 HPM 器件的过模比。采用过模结构的切伦科夫器件统称为"过模慢波 HPM 产生器"(overmoded slow-wave generator,OSWG),过模 RBWO 和 MWCG[37]分别是这类器件的两种典型代表。

2012 年,西核所的肖仁珍、谭维兵等研制了 Ku 波段过模低磁场 RBWO[38]。该器件过模比约为 4,结构如图 1.3 所示。结构中 TM_{01} 模与 TM_{04} 模均与电子束产生能量交换。肖仁珍研究员在器件末端引入了电子束收集环和微波反射环,其中反射环用于反射部分前向微波,并与电子束收集环配合,促进对电子束的减速。在 0.48 T 引导磁场下,该器件在仿真获得了功率为 2 GW 的 HPM 输出,效率达到 42%。但是在相关实验中,器件效率与仿真存在较大差异,谭维兵认为器件仿真中的无箔二极管模型不准确、实验中阴极发射的非均匀性是主要原因[39]。

2014 年,国防科大的张华基于 MWCG 的构型,报道了 Ku 波段低磁场过模切伦科夫 HPM 振荡器的研究结果[40],该器件过模比为 4,其结构如图 1.4 所示。经典的 MWCG 包括两段过模慢波结构及之间的漂移段,与经典的 MWCG 不同的是,该器件在两段慢波结构中间引入了漂移腔,并与

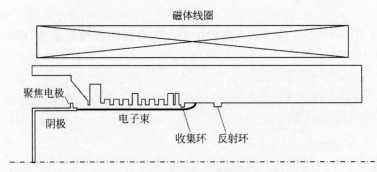

图 1.3　Ku 波段低磁场过模 RBWO 的结构

后置的反射腔互相反馈,使得束波相互作用得到了增强。在 0.8 T 引导磁场下,获得了频率为 13.76 GHz、功率为 1.1 GW 的实验 HPM 输出,器件工作主模为 TM_{01} 模,效率为 15%、脉宽为 24 ns。

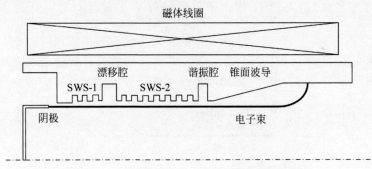

图 1.4　Ku 波段低磁场过模 HPM 振荡器的结构

　　2016 年,国防科大张建德团队报道了 X 波段低磁场 3 倍过模 RBWO 的实验结果[25]。该器件过模比约为 3,其结构如图 1.5 所示。与经典的 MWCG 结构类似,它包括两段分离的慢波结构,中间通过一段漂移段来调节束波互作用效率。此外,该器件在第一段慢波结构前引入了反射腔。在 0.7 T 引导磁场下,实验中获得了频率为 9.45 GHz、功率为 2 GW 的 HPM 输出[25]。该器件效率约为 28%,这是目前吉瓦级低磁场 O 型切伦科夫器件公开报道的较高效率之一。

　　2018 年,俄罗斯大电流所的 Vladislav V. Rostov 团队分别报道了 X 波段[41]、Ka 波段[42]和 V 波段[43]的过模切伦科夫器件,器件内横向模式基模和高次模同时与电子束相互作用。其中 X 波段器件的结构如图 1.6 所示,过模比约为 2.5,该器件主要通过前端的凹形阴极反射器来实现对微波

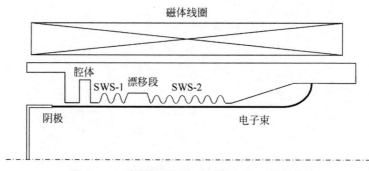

图 1.5　X 波段低磁场 3 倍过模 RBWO 的结构

的反射。在 1.0 T 引导磁场下,获得了频率为 10.08 GHz、功率为 1.5 GW 的实验 HPM 输出,效率约为 25%[41]。而 Ka 波段的器件在 2.5 T 引导磁场下,获得了频率为 36.4 GHz、功率为 400 MW 的 HPM 输出[42]。其转换效率约为 42%,是目前 O 型切伦科夫器件公开报道的最高低磁场实验效率。

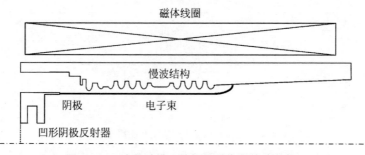

图 1.6　X 波段过模双波切伦科夫器件的结构

1.2.2　低磁场渡越器件

RKA、RKO 是最常见的渡越辐射器件。20 世纪 90 年代美国海军研究实验室报道了 L 波段 RKA 功率达 15 GW、效率达 50% 和功率达 3 GW、效率达 60% 的实验结果[16-17],但是由于当时功率测量水平有限,其超高的功率和效率仍待考证。而 TTO 由单腔管、SCO 逐渐发展而来,具有更高频率工作和长脉冲运行的优势,有利于实现低磁场甚至无磁场运行。

2008 年国防科大的曹亦兵、贺军涛等提出了同轴结构无箔渡越时间振荡器[44],与传统的 TTO 相比,为适应长脉冲工作,该器件去除了导引电子束的栅网结构,采用了同轴无箔二极管。2012 年,曹亦兵报道了 L 波段无箔同轴 TTO[9] 的实验结果,其结构如图 1.7 所示,采用了非均匀三腔同轴结构。在 0.5 T 引导磁场下,在实验中获得了频率为 1.64 GHz、功率为 3.5 GW 的 HPM 输出,效率为 22.6%、脉宽约为 30 ns。需要指出的是,由于 L 波段器件电子的回旋共振磁场低于 0.5 T,从这一角度出发该器件属于强磁场器件。

曹亦兵在 X 波段同轴 TTO 中引入了嵌入式同轴斜面收集极,同时采用了三腔调制结构,如图 1.8 所示。在引导磁场为 0.8 T 时,实验中实现了频率为 9.34 GHz,功率为 1.1 GW 的 HPM 输出[9],效率约为 10.5%。

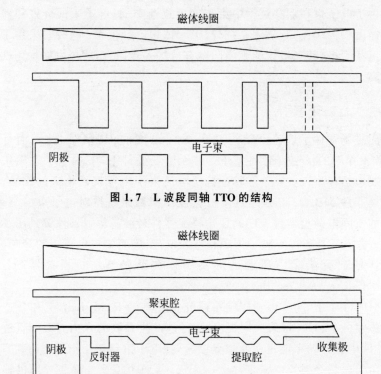

图 1.7　L 波段同轴 TTO 的结构

图 1.8　X 波段同轴 TTO 的结构

受到轴向速调管放大器(axial klystron amplifier,AKA)的启发,为利用径向渡越时间效应来产生微波,研究人员提出了径向渡越辐射器件。与轴向器件相比,在径向器件中,空间电荷势随着电子束沿径向扩散逐渐降低,能够用来转换成微波的能量增加,有一定的效率优势;同时随着电子束的漂移,对引导磁场的要求也有所降低。

2013 年,国防科大党方超等提出了径向线渡越时间振荡器(radial-line transit time oscillator,RL-TTO)[45],党方超博士在器件设计中采用了沿径向四腔的调制腔和三腔的提取腔,并通过同轴波导进行微波输出。2017 年该团队报道了器件的实验结果[46],在 0.4 T 的螺线管引导磁场下,该器件在实验中获得了频率为 14.86 GHz,功率为 1.5 GW 的 HPM 输出,效率为 24%,脉宽为 16.5 ns。

径向 TTO 在较低磁场下获得了不错的器件效率,但也有一定缺陷。正是由于电子束在漂移过程中束流密度逐渐降低,电子束的群聚和器件的起振速度较为缓慢,其磁体系统较复杂、体积质量较大;同时它采用了大尺寸的盘状阴极,其二极管的绝缘问题有待进一步研究,阴极发射均匀性也有待提高。

1.2.3　无磁场器件

无磁场器件是理论上结构紧凑,成本低廉的 HPM 器件,因而得到了 HPM 工作者的长期研究和关注。在无磁场条件下,实现电子束聚焦的方式主要包括以下三类:一是通过自身电流来产生实现磁绝缘的磁场,例如正交场器件 MILO;二是通过阳极箔或阳极网来获得对电子束的约束,无磁场的空间电荷型器件 VCO、切伦科夫器件与渡越辐射器件都采用了这种聚焦方式;三是通过等离子体中和空间电荷,进而实现电子束的聚焦,例如美国休斯研究实验室研制的等离子体辅助慢波结构振荡器(plasma-assisted slow-wave oscillator,Pasotron)。

MILO 于 1987 年由美国空军研究实验室的 R. M. Lemke 和桑迪亚国家实验室的 M. C. Clark 共同提出,MILO 产生微波的方式类似于直线磁控管,器件中脉冲功率能量从左边界馈入,在电子束参与互作用之前其自身产生的角向磁场会阻止电子直接轰击阳极,从而不需要外部装置提供绝缘磁场。国内对于 MILO 的研究单位主要是国防科大和中物院,工作频段集中在 L、S 和 C 波段。2007 年,中物院的陈代兵报道了 L 波段硬管 MILO 的实验结果,实验中获得了频率为 1.22 GHz、功率为 1.5 GW 的 HPM 输出,效率为 10%,脉宽为 20 ns[47]。2008 年,国防科大的李志强报道了 S 波段 MILO 的实验结果,实现了频率为 2.64 GHz、功率为 500 MW 的 HPM 输出,效率为 7.8%、脉宽为 12 ns[48]。2014 年,国防科大的樊玉伟等报道了

L 波段 MILO 的实验结果,该器件实现了频率为 1.739 GHz、功率为 2.24 GW 的 HPM 输出,效率为 11.5%、脉宽约为 105 ns[26]。

VCO 是利用强流电子束自身强空间电荷场形成的虚阴极振荡效应来产生微波的器件,多个国家的多个研究机构都对 VCO 结构进行了研究和改进,但绝大部分无磁场 VCO 的实验效率并未超过 10%[49]。其中代表性的成果如下:2006 年,中物院的罗雄等研制的同轴 VCO[49] 在实验中获得了频率为 3.3 GHz,功率为 500 MW 的 HPM 输出,效率约为 6.2%;2008 年,西核所的刘国治等研制的同轴谐振腔型 VCO[50] 在实验中获得了频率为 2.6 GHz,功率为 1.23 GW 的 HPM 输出,效率约为 8.7%。

俄罗斯大电流所的 Totmeniov 等最早开展了无磁场切伦科夫器件的研究工作[51],器件结构如图 1.9 所示。该器件通过天鹅绒阴极发射实心电子束,并加装透过率为 90% 的阳极网实现对电子束的聚焦。2011 年该团队报道了 C 波段器件实验结果[52],当二极管电压为 500 kV 时,可以获得频率为 3.83 GHz,功率为 170 MW 的 HPM 输出,效率为 7%,脉宽约为 14 ns。在 1.2 MV 电压下,阳极网的实验寿命约为 3000 个脉冲,500 kV 电压下阳极网寿命可达 11000 个脉冲。

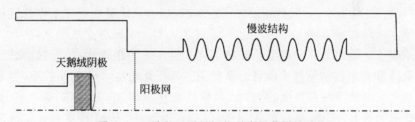

慢波结构

天鹅绒阴极

阳极网

图 1.9 X 波段无磁场切伦科夫振荡器的结构

2018 年,国防科大的郭力铭报道了 X 波段[53]无磁场切伦科夫器件的实验结果,获得了频率为 9.05 GHz,功率为 270 MW 的 HPM 输出,效率为 6.0%,脉宽约为 20 ns,该器件使用了碳纤维环形阴极,并通过阳极箔聚焦。

美国休斯研究实验室的 D. M. Goebel 等报道了 Pasotron[54] 的设计结果。该器件通过空心阴极等离子体电子枪产生高质量电子束,并通过离子聚焦机制,加上电子束本身产生的磁场所带来的自箍缩效应来传输电子。但是整体上无磁场引导的 Pasotron 受限于工作电压与电流,仅有数十兆瓦的微波输出,而有引导磁场的等离子体加载切伦科夫器件,可以实现 400 MW,效率为 40% 的 HPM 输出[55]。无磁场 Pasotron 应用前景严重受限,因而目前已很少被研究。

　　总体来看,无磁场器件虽然种类繁多,且部分器件在仿真中已经取得不俗的微波功率和效率,但是应用前景仍然不足:磁绝缘器件 MILO 受限于竞争模式与能量提取不充分等问题,在实验中微波转换效率普遍不足15%,另外受到阴极释气和收集极等离子体的影响[56],器件难以实现长时间高重频工作;无磁场引导的 VCO、SCO 和切伦科夫器件都通过阳极网、阳极箔来实现电子的聚束,有的还采用了天鹅绒阴极来获得较高品质的电子束,这些都限制了器件的寿命,难以实现长时间高重频工作;无磁场等离子体辅助聚焦的方式被局限在低电压低电流的情况下,难以获得百兆瓦以上的功率输出。整体上无磁器件实验中微波转换效率偏低,脉宽较窄,波形可重复性不好,其应用前景还需要进一步评估。

1.2.4　小结

　　目前,无磁场 HPM 器件虽然种类繁多且有持续的研究进展,但是或受限于过低的实验效率,或受限于阴极和阳极网、箔的寿命,或受限于较低的输出功率,应用前景仍待进一步评估;因此,降低强磁场器件的工作磁场,使其在低磁场区域高效工作,是 HPM 技术从实验室向实际应用转型的重要一步;进一步地,对低磁场器件进行永磁包装,是低磁场器件工作的终极目标。

　　表 1.3 给出了目前典型低磁场 HPM 器件的工作指标,尽管目前已经有 RM 和毫米波切伦科夫器件分别实现了百兆瓦超过 40% 的高效率,但是大部分输出功率在吉瓦级的 HPM 器件效率都不超过 30%。更高功率、更高效率始终是 HPM 器件的发展目标,如果低磁场 HPM 产生器件的输出功率能提高到 5 GW 以上,工作效率能提高到 30% 以上,将具有更高的实用价值。

　　综合前文所述,随着 HPM 领域研究的不断深入,研究人员设计出了工作效率更高、尺寸逐渐小型化、结构逐渐复杂化的 HPM 器件。为了提高低磁场器件的工作效率,研究人员已经提出了大量的方法,包括但不限于非均匀的慢波结构/腔体设计,增加预调制腔、中间腔和漂移段,基于腔体谐振特性增加反馈设计,引入聚焦电极、同轴收集极、阴极内嵌反射器等新结构等方法,其中有的器件已经在仿真中获得了较高的效率,但是由于在器件结构与微波模式的设计和控制方面存在局限,对低磁场下强流电子束的束流物理认识不足,低磁场下的器件实验效率仍有待突破。

表 1.3　典型低磁场 HPM 器件的工作指标

器件名称	引导磁场/T	微波频率/GHz	微波功率/GW	脉宽/ns	效率/%	研究单位	时间/a
RKA	0.36	2.9	1.3	110	50	美国海军实验室	1995[20]
RM	0.51	2.4	0.5	20	40	美国新墨西哥大学	2017[21]
RBWO	0.44	3.7	3.4	16	24	俄罗斯大电流所	2011[22]
切伦科夫器件	1	10.0	1.5	35	25	俄罗斯大电流所	2018[23]
切伦科夫器件	2.5	36.4	0.4	3	42	俄罗斯大电流所	2018[24]
RBWO	0.7	8.7	0.7	20	14	西核所	2010[25]
RBWO	0.7	9.5	2.0	100	28	国防科大	2015[25]
TTO	0.5	1.6	3.5	30	23	国防科大	2012[9]
TTO	0.7	14.3	0.8	26	22	国防科大	2014[36]

1.3　本书的技术路线

在低磁场下工作的 HPM 器件,由于强流电子束发射、传输与束波互作用过程中所受到的磁约束不足,会呈现出以下几种工作特征:

(1) 在低引导磁场下,电子的拉莫尔回旋半径比较大,导致阴极的侧发射能力增强,二极管的总发射束流较大。除二极管工作阻抗降低外,发射区域也产生了明显变化,导致束流状态与强磁场相比产生较大差异,这可能是低磁场器件实验效率与仿真结果相比存在较大差异的原因之一。

(2) 低磁场二极管对于回流电子束约束不足,二极管绝缘性下降。这可能导致大量阴极及阴极引杆区域发射的电子束轰击到二极管阳极上,造成明显的功率浪费。目前报道[33,57]中的低磁场器件在仿真和实验结果之间普遍存在约 20% 的差异,其中一个原因便在于实验中存在大量的回流电流轰击到了阳极上。

(3) 前向电子束在二极管的径向电场作用下会产生不可忽略的横向速度,进而在传输过程中呈现出明显的横向振荡特征。由于环形阴极两侧电子束的横向速度分布不同,导致电子束的能散增大,降低了束波互作用效率。

(4) 电子束在较强的微波场作用下,会呈现出明显的振荡特征,因此在 HPM 器件中可能会有大量的杂散电子轰击管体。这有可能会带来等离子体问题,造成微波脉冲缩短,同时也不利于器件长寿命工作。

相应地,如果需要在现有水平上提高低磁场器件工作效率,首先需要通过物理设计增强低磁场下二极管的磁绝缘,抑制电子束回流造成的功率浪费;然后需要对低磁场二极管中的束流状态进行更加深入的研究,以获得更清楚的认识;进一步地,基于低磁场下的电子束振荡及其影响开展深入研究,并通过结构设计对前向电子束包络进行有效的控制,一方面可以通过物理设计抑制电子束振荡幅度,另一方面需要加深束流包络振荡幅度、加深相位对束波互作用影响的认识;最后需要深入认识器件中电子束调制与能量提取的方法,促进低磁场下电子束的群聚,增强电子束的能量提取,分析低磁场下强流电子束与电磁波相互作用的机理,以实现器件效率的综合提升。

综合对上述物理问题的研究,顺应 HPM 源高功率、高效率、低磁场运行的应用需求,本书的研究内容聚焦于探索提高低磁场 RBWO 工作效率的方法,对低磁场 RBWO 进行理论、模拟与实验研究,并形成一套 5 GW 级的永磁包装 HPM 源方案。综合考虑器件尺寸、功率容量、所需引导磁场强度与应用需求,本书将 RBWO 工作频段定位于 C 波段。所采取的技术路线包括:磁绝缘二极管、对低磁场束流包络的有效控制和速调型 RBWO 结构。

1.3.1　无箔二极管

在实际的无箔二极管中,处于环形阴极外侧拐角处的局部电场最强,因此电子将首先从此处开始发射,发射区域随后沿着它向两侧扩展。因此实际工作中阴极的侧发射是不可避免的,同时也导致了回流电子的产生。如图 1.10 所示,环形阴极发射的大部分电子在结构电场和引导磁场的作用下向右侧运动,一小部分电子在电场与磁场的共同作用下向左侧运动,这部分电子即为二极管回流电子。

当回流电子束轰击到二极管阳极或脉冲功率装置的外导体上时,回流电子得到了充分的加速,造成了二极管功率的浪费。通常在强引导磁场下,回流电子在磁场引导下回流到屏蔽环或阴极底座上,电子能量基本不增加。在低磁场二极管中,阴极的侧发射能力增强,同时对回流电子束约束能力下降,电子束轰击到二极管阳极上的比例增大。

为了提高低磁场下二极管的绝缘性,本书首先通过物理设计,使得同轴内导体(阴极引杆及底座)表面电场低于发射阈值,避免二极管区域产生过大面积的电流发射。基于现有器件水平,要实现 5 GW 级的低磁场

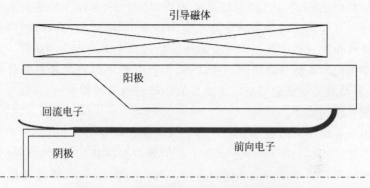

图 1.10 无箔二极管阴极发射电子的过程

RBWO,以 30% 的转换效率估算,需要约 17 GW 的前级脉冲功率源驱动,二极管工作电压在 800 kV～1 MV 之间。在 880 kV 电压下,分别取二极管的阳极半径和阴极半径为 8 cm 和 4.3 cm,此时阴极引杆表面的场强约为 330 kV/cm,以二极管结构常用的 304 不锈钢材料为例,其击穿阈值在 350 kV/cm 左右,这样就在物理设计上尽可能地降低了二极管中的回流损失。同时,若选取平均半径为 5.3 cm 的慢波结构,恰好对于 C 波段工作在频率为 4.4 GHz 的微波形成 1.5 倍过模比。

1.3.2 低磁场束流控制

阴极端面两侧较强径向电场的存在,使得低磁场二极管中前向的环形电子束会存在明显的径向展宽,在空间呈现出周期性的运动包络。图 1.11 展示了典型低磁场 RBWO 中的电子束实空间分布,由于电子束具有较大的横向展宽与束流密度的非均匀分布,束流在群聚、微波作用下的能量交换将会变得更加复杂。

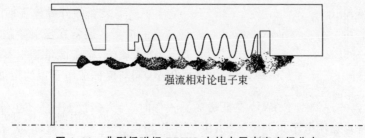

图 1.11 典型低磁场 RBWO 中的电子束实空间分布

从目前的研究与器件设计结果来看,低磁场 RBWO 的研究工作集中在通过对高频结构的改进和场分布的调控来提高微波输出功率与效率,而对束波互作用过程中强流电子束本身的物理特性缺乏深入的研究。由于低磁场下束流不再处于理想的一维状态,束波互作用进行的理想条件也有所改变,因而需要对低磁场下束流自身的物理特性展开深入研究,以获得更高的束波互作用效率。

本书着眼于对低磁场下强流电子束振荡包络在直流电场、交变电磁场作用下振荡特性的研究,一方面对束流的轴向振荡相位与射频场相位的匹配关系影响器件功率的内在机理进行了深入分析,通过对束流相位的控制对束波互作用过程中电流与场的匹配进行了优化;另一方面对束流的横向振荡幅度影响器件工作效率的物理过程展开了研究,探究了对束流横向振荡幅度的控制方法。

1.3.3   速调型 RBWO

2010 年,西核所的肖仁珍等在预调制 RBWO 的基础上,引入了调制腔与提取腔,发明了速调型 RBWO(klystron-like relativistic backward-wave oscillator,KL-RBWO)[58],其基本结构如图 1.12 所示。通过提取腔结构,在该位置附近引入了强轴向电场,显著增强了调制电子束在穿越该区域时产生的集中式渡越辐射,从而提高了微波转换效率。

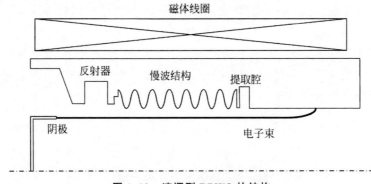

图 1.12   速调型 RBWO 的结构

经典的速调型 RBWO 在低磁场下工作时,与大多数 HPM 产生器件一样,面临着强流电子束调控不足、束波互作用设计不足的问题,因而工作效率普遍不超过 30%。在对束流轴向振荡相位、横向振荡幅度的控制之外,本书基于速调型 RBWO 的基本构型,进一步开展了对低磁场下高效束波互作用过程的研究,探索了低磁场下促进束流群聚和增强能量提取的方法。

1.4 本书的主要内容

本书基于对低磁场下 O 型 HPM 器件工作特征的认识,立足于速调型 RBWO 路线,分别围绕"束"与"场"两个角度开展了提升转换效率的研究工作,进行了对 C 波段低磁场高效率 RBWO 的设计,并通过理论分析、数值模拟与实验验证的方式,实现了对低磁场 RBWO 工作效率的显著提升,同时验证了 C 波段 5 GW 级永磁包装 HPM 源的技术可行性。

本书的结构和研究内容如下:

第 1 章为绪论,简要介绍了当前低磁场 HPM 源的研究进展与发展趋势,总结了现有低磁场器件中提高效率的方法和研究的不足之处,对低引导磁场下 RBWO 的典型工作特征进行了分析,确立了技术路线,介绍了研究内容。

第 2 章主要展开低磁场 RBWO 中的束流控制研究。首先对低磁场漂移管中传输束流的振荡特性进行了解析分析、数值模拟与实验研究。用于描述束流径向振荡的物理参数为其振荡相位与振荡幅度。一方面从束流振荡相位出发,解析分析了束流相位影响微波场中束流包络扩散状态的机理,结合粒子模拟揭示了束流相位影响 RBWO 中束流能散的机制,在实验中通过控制束流相位获得了器件效率的提升;另一方面从束流振幅出发,对二极管加速区束流振幅的产生和影响束流振幅的因素进行了理论分析,通过三维非线性理论研究给出了束流振幅影响 RBWO 效率的物理指导,提出了控制束流振幅的二极管结构设计方法,通过抑制束流振幅促进了低磁场束流群聚、提升了转换效率。

第 3 章主要开展 C 波段低磁场高效率 RBWO 的器件设计与模拟研究。首先给出了所提出的低磁场高效率 RBWO 的基本构型,阐述了工作原理和物理内涵,给出了基本结构参数的选取原则。随后从谐振场的角度出发,提出了增强局部谐振电场的方法,研究了非均匀慢波结构、内反射器对总体射频功率的调控作用。最后给出了器件的设计结果,通过代表性的物理图像分析了器件工作的物理过程,给出了电参数、结构参数对器件工作的影响规律。

第 4 章主要开展 C 波段低磁场高效率 RBWO 的实验研究。首先介绍了实验系统的工作原理,给出了所设计器件的实验结构,阐述了参数测量方法。随后给出了典型的实验结果,研究了参数影响规律,分析了功率容量,探究了二极管绝缘情况,验证了书中提出的提升转换效率的方法。最后基于实验结果,进行了5GW级HPM源永磁系统的设计。

第5章为总结与展望,概括了本书工作,列举了研究结果,归纳了主要创新点,分析了存在问题并展望了未来发展。

第 2 章　低磁场 RBWO 束流控制研究

在有限磁场引导下,当环形电子束在漂移段中运动时,在束流自身运动产生的电磁力与外加轴向磁场的作用下会呈现出横向振荡的特点,而这一特点在低磁场下表现较为显著。首先,本章对有限大磁场下漂移管中的束流振荡进行了解析分析,并对低磁场下的束流周期性振荡与非均匀的密度分布进行了实验验证;其次,基于束流包络在强微波场下的振荡特性,对束流振荡相位对低磁场 RBWO 工作的影响展开了理论、模拟和实验研究;最后,基于 RBWO 中束波互作用的非线性理论分析研究了束流振荡幅度对低磁场 RBWO 工作的影响,并通过二极管结构设计,提出了抑制束流振荡幅度的方法,该方法可以促进低磁场下的束流群聚并提升转换效率。

2.1　低磁场漂移管束流振荡包络

2.1.1　漂移管束流包络传输理论

在笛卡儿坐标系下,考虑如图 2.1 所示的包络电子运动模型,在外加磁场引导下,均匀环形电子束在旋转对称的环形漂移管中沿 z 向传输。在这里,本书沿用西核所谭维兵[39]对束流的假设处理,只考虑电子束的最外层电子。电子经过无箔二极管加速后轴向速度为 v_z,同时具有垂直于 z 轴的横向速度 v_T 且 $v_T \ll v_z$,环形电子束的外半径为 r_b,沿径向的总厚度为 Δr,漂移管半径为 r_0。

假定电子束内部的电子密度是均匀的,束流强度 $I_b = -2\pi n_0 q r_b \Delta r v_z$,取外加磁场 $B_z = B_0$,在笛卡儿坐标系中电磁场在各方向上的场分量为

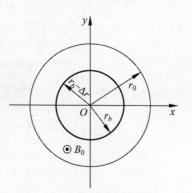

图 2.1　漂移管环形电子束横向运动模型

$$E_x = \frac{I_b x}{2\pi\varepsilon_0 r_b^2 v_z}, \quad E_y = \frac{I_b y}{2\pi\varepsilon_0 r_b^2 v_z},$$

$$B_x = -\frac{I_b y}{2\pi\varepsilon_0 c^2 r_b^2}, \quad B_y = \frac{I_b x}{2\pi\varepsilon_0 c^2 r_b^2} \tag{2.1}$$

假设电子运动过程中相对论因子近似保持不变,电子的运动方程为

$$\begin{cases} \ddot{x} = \dfrac{E_x q}{\gamma m_0} - \dfrac{q v_z B_y}{\gamma m_0} + \Omega\dot{y} \\[2mm] \ddot{y} = \dfrac{E_y q}{\gamma m_0} + \dfrac{q v_z B_x}{\gamma m_0} - \Omega\dot{x} \end{cases} \tag{2.2}$$

其中,$\Omega = qB_0/\gamma m_0$。

令参量 $S = x + \mathrm{i}y = r\mathrm{e}^{\mathrm{i}\theta}$,则上述运动方程变为

$$\ddot{S} = (\omega_b^2/\gamma)S + \mathrm{i}\Omega\dot{S} \tag{2.3}$$

其中,$\omega_b^2 = qI_b/2\pi m_0\varepsilon_0\gamma^2 v_z r_b^2$。

该方程的通解为

$$S = A\mathrm{e}^{\mathrm{i}\omega_1 t} + B\mathrm{e}^{\mathrm{i}\omega_2 t} \tag{2.4}$$

其中,$\omega_{1,2} = \dfrac{\Omega}{2}\left(1 \pm \sqrt{1 - \dfrac{4\omega_b^2}{\Omega^2\gamma}}\right)$。当 $\Omega^2 \geqslant 4\omega_b^2/\gamma$ 时,取 $\omega_{1,2}$ 有实数解,束

流可以在漂移管中平衡传输。

例如,考虑如图 2.2 所示的无箔漂移管结构,取电压为 880 kV,电流为 13.8 kA,漂移管半径为 52 mm,电子束外半径为 43 mm,电子束厚度约为 2 mm,根据宏粒子(particle-in-cell,PIC)模拟结果可得在 2.3 T 引导磁场下电子平均束压约为 725 kV,电子轴向速度近似为 0.91 倍光速,相对论因子 γ 近似为 2.42。那么,维持束流稳定传输所需的外加引导磁场 B_0 需大于 0.10 T。但是为了保证二极管加速区电子束的有效传输和束波互作用区的高效工作,通常使用的外加引导磁场是最低引导磁场的数倍。

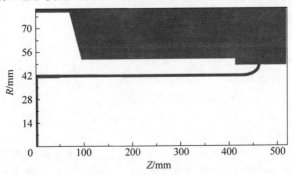

图 2.2　无箔漂移管结构

若对式(2.4)取初始条件 $|S(0)|=s_0$，$|\dot{S}(0)|=v_0$，可得

$$S = a\mathrm{e}^{\mathrm{i}\omega_1 t} + b\mathrm{e}^{\mathrm{i}\omega_2 t} \tag{2.5}$$

其中，$a^2 = \dfrac{(v_0/\omega_2)^2 - s_0^2}{(\omega_1/\omega_2)^2 - 1}$，$b^2 = \dfrac{s_0^2 - (v_0/\omega_1)^2}{1 - (\omega_2/\omega_1)^2}$。

从式(2.5)可以导出电子束径向运动包络：

$$r^2 = [a\sin(\omega_1 t) + b\sin(\omega_2 t)]^2 + [a\cos(\omega_1 t) + b\cos(\omega_2 t)]^2 \tag{2.6}$$

对式(2.6)进行化简得到

$$r = \sqrt{a^2 + b^2 + 2ab\cos[(\omega_1-\omega_2)t]} = \sqrt{a^2 + b^2 + 2ab\cos\left[\sqrt{\Omega^2 - (4\omega_b^2/\gamma)} \cdot t\right]} \tag{2.7}$$

从式(2.7)可看出，电子径向回旋运动具有周期性振荡特点，在径向上的振荡幅度在 a 和 b 之间，振荡角频率为 $\omega_0 = \sqrt{\Omega^2 - (4\omega_b^2/\gamma)}$。

上述电子束运动具体表现为一个小半径快回旋和一个大半径慢回旋的叠加，且一般情况下有 $\omega_1 \gg \omega_2$，相应地，$a \ll b$。其中快回旋 ω_1 源于受到外加的轴向磁场约束所致的径向速度变化，其回旋频率 ω_1 较快，回旋曲率半径 a 较小；慢回旋 ω_2 源于环形电子束自身沿轴向运动时产生的沿角向相对弱的磁场约束所致的径向速度变化，电子束导心回旋频率 ω_2 较慢，对应回旋曲率半径 b 较大。

通常情况下，低引导磁场下的漂移管中，慢回旋对电子束的外包络影响基本可忽略，在电子束的外包络主要与快回旋相关。假定外包络上的电子在振荡过程中受到的空间电荷力可以忽略，外包络电子的径向轨迹可以简化为以距离回旋中心 b（即 $r_c = b$）的一点作为圆心，进行半径为 a 的简谐振荡：

$$r = b + a\cos\Omega t = r_c + a\cos\Omega t \tag{2.8}$$

仅在轴向磁场引导下运动时，外包络电子的轴向速度保持恒定，因而在空间上呈现出振荡幅度为 a 的周期性余弦振荡：

$$r = r_c + a\cos\left(\frac{\Omega}{v_z}z + \varphi_0\right) = r_c + a\cos\varphi_b \tag{2.9}$$

其中，φ_b 表示束流的振荡相位，φ_0 为束流的初始振荡相位。环形电子束沿轴向运动的包络周期长度 l 近似为

$$l \approx 2\pi v_z/\Omega \tag{2.10}$$

电子束包络的轴向周期 l 与电子初始的横向速度无关，主要与电子轴向速度 v_z 正相关，与约束磁场强度 B_0 成反比。而束流包络的振荡幅度，即最外侧电子的振荡幅度 a 与进入漂移段时电子的初始横向速度 v_0 正相

关。电子的横向速度 v_T 的增长是引起束流包络横向扩张的直接原因,而束流包络的幅度是电子横向速度大小的直接体现。

2.1.2 束流包络模拟研究

在实际的无箔二极管中,从不同阴极位置处发射出的电子束在不同的径向电场下获得了不同的横向速度,因而在自身的振荡中处于不同的振荡相位,具有不同的振荡幅度,在空间上构成了环形束流包络。在低磁场漂移管内,束流包络的周期性振荡伴随着电子束流密度的周期性分布,下面以一个漂移管半径为 52 mm,阴极半径为 43 mm 的无箔二极管为例,通过软件 UNIPIC[59] 进行 PIC 模拟,取引导磁场强度 $B_0 = 0.36$ T,二极管工作电压、电流分别为 880 kV、13.6 kA。

该漂移管中电子束的实空间分布和束流密度分布分别如图 2.3 和图 2.4 所示,从电子束实空间观测到束流包络周期近似为 68 mm,对电子束的径向分布进行统计,得到束流平均半径为 43 mm。由于电子束具有一定径向展宽,到漂移管的平均距离约为 9 mm,漂移管中束流平均束压约为 725 kV。

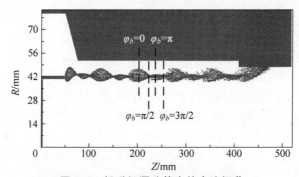

图 2.3   低磁场漂移管中的束流振荡

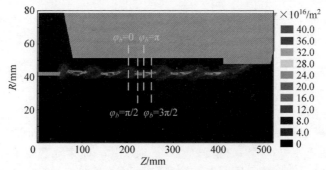

图 2.4   低磁场漂移管中的束流密度分布(前附彩图)

　　由于在二极管区域阴极两侧径向电场存在非对称分布,由阴极外侧发射出的电子中横向速度 γv_T 的最大值为 9.05×10^7 m/s,具有最大、最小的径向位置分别为 47.0 mm 和 40.5 mm,对应轴向速度 v_z 为 2.50×10^8 m/s,利用式(2.10)计算得束流包络周期约为 62 mm;束流的平均轴向速度 v_{av} 为 2.58×10^8 m/s,对应束流包络周期为 64 mm,与 PIC 结果较为接近。而阴极内侧发射出的电子中横向速度 γv_T 的最大值为 6.42×10^7 m/s,具有最大、最小的径向位置分别为 43.5 mm 和 39.0 mm,与阴极外侧发射出的电子束在径向上呈现出非对称的分布。

　　假定束流振荡包络最外层的电子不受空间电荷力的影响,仅在外加引导磁场下产生横向振荡。其中由阴极最外侧发射出的束流外层电子具有初始运动参数包括:初始横向速度 $\gamma v_T = 9.05 \times 10^7$ m/s,初始径向位移 $r_0 = 47.0$ mm,初始振荡相位 $\varphi_0 = 0$;阴极最内侧发射出的束流外层电子具有初始运动参数:初始横向速度 $\gamma v_T = 6.42 \times 10^7$ m/s,初始径向位移 $r_0 = 39.0$ mm,初始振荡相位 $\varphi_0 = \pi$。

　　利用上述参数对漂移段中电子束的单粒子运动进行计算,可以得到外层电子的振荡轨迹如图 2.5 所示,与图 2.3 相比,由于无箔二极管中电子束的轴向速度远大于横向速度,因而实空间中电子束的振荡包络与横向振幅最大的外层电子振荡轨迹非常接近。

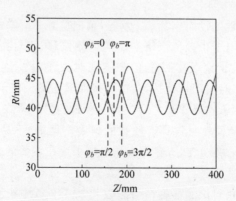

图 2.5　束流包络外层电子振荡轨迹

　　结合图 2.4 中束流密度分布可以发现,当外侧包络电子的振荡相位 $\varphi_b = 0$ 时,束团内电子间径向位移差异最大,电子束流密度最小;当外侧包络电子的振荡相位 $\varphi_b = \pi$ 时,束团内电子间径向位移差异达到第二个极大,电子束流密度达到第二个极小;当外侧包络电子的振荡相位 $\varphi_b = \pi/2$、

$\varphi_b=3\pi/2$ 时,束团内电子间径向位移差异最小,电子束流密度达到极大值。在束流的一个包络周期内,电子束横向密度的极大值和极小值状态分别出现两次。

2.1.3　束流包络实验研究

为了验证低磁场下强流电子束的横向振荡规律,基于 TPG1000 加速器[60]开展了束流包络实验。实验系统如图 2.6 所示,主要由脉冲驱动源、脉冲磁体和低磁场漂移管等组成,通过电子束轰击铜靶片的方式开展对电子束横向振荡的测量。实验中的二极管电压、电流分别通过放置在二极管区域的电容分压器和罗氏线圈(Rogowski coil)进行测量。

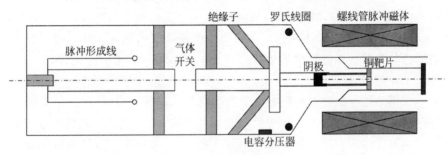

图 2.6　束流振荡实验系统

由于靶片附近的径向电场 E_r 减弱,轴向电场 E_z 增强,在漂移管中插入靶片后会导致电子束振荡包络整体向内侧偏移,而对振荡包络的幅度影响较小,因此用电子束轰击目击靶来实现对束流振荡包络的研究是可行的[61]。常见的实验用靶材包括铜、钛和聚四氟乙烯。由于聚四氟乙烯具有绝缘性,使用聚四氟乙烯作靶片会改变二极管的阻抗状态,不能还原出理想的束流包络状态;而钛材料具有较强的耐轰击性能,不易产生可测量的烧蚀痕迹;铜材料延展性较好,容易表征出电子束在表面的热沉积现象,因而书中采用了铜靶片来进行二极管打靶实验。

实验所用的相对论漂移管结构参数与 2.1.2 节中的漂移管相同,仅在漂移管内嵌入了环形铜靶片,如图 2.7 所示。打靶实验中使用的阴极外半径 $R_c=43$ mm,厚度 2 mm,漂移管材料为钛材料 TA2,二极管阳极半径 $r_a=80$ mm,漂移管管头斜面宽度 $L_{th}=20$ mm,阴极端面到管头端面距离 $L_{ak}=41$ mm,漂移管内径 $r_{tube}=53$ mm。靶片外半径与漂移管内径相同,图 2.7 中 Z_0 为靶片到管头端面的轴向距离,通过调节 Z_0 的长度可以实现对靶片观测到的束流振荡相位的调节。

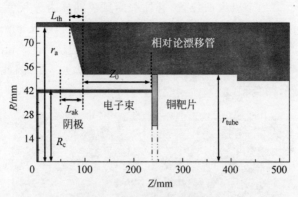

图 2.7　束流实验二极管结构

实验中的漂移管工作参数如表 2.1 所示,二极管工作电压为 870 kV,二极管电流为 13.5 kA,对应二极管阻抗为 64 Ω,二极管引导磁场强度为 0.36 T。在实验中对 Z_0 长度进行了精度为 4 mm 的调节,根据靶片上轰击的形貌特征与包络轨迹,测量得到实验束流包络周期为 64 mm,与理论计算、PIC 模拟结果吻合较好。

表 2.1　相对论漂移管实验参数

工作参数	数值	研究结果	数值/mm
磁场强度 B_0	0.36 T	理论周期	64
L_{ak}	41 mm	模拟周期	68
L_1	22 mm	实验周期	64
二极管电压	870 kV		
二极管电流	13.5 kA		

取距离管头端面 $Z_0=2.5$ mm,$Z_0=18.5$ mm,$Z_0=34.5$ mm 和 $Z_0=50.5$ mm 的靶片,分别对应靶片的烧蚀痕迹如图 2.8 所示,其呈现了一个振荡周期内的典型束流沉积痕迹。其中 $Z_0=2.5$ mm 位置的靶片近似处于束流相位 $\varphi_b=3\pi/2$ 处,此时束流密度处于第一个极大值位置,靶片表面颜色为深灰色,同时在深灰色的沉积痕迹外圈有一层较深的烧蚀痕迹;$Z_0=18.5$ mm 位置的靶片近似处于束流相位 $\varphi_b=0$ 处,此时束流密度处于第一个极小值位置,靶片表面沉积出一层浅黄色的痕迹,并且伴随着较浅的

烧蚀痕迹；$Z_0 = 34.5$ mm 位置的靶片近似处于束流相位 $\varphi_b = \pi/2$ 处，此时束流密度处于第二个极大值位置，靶片表面颜色同样为深灰色，有一层较深的烧蚀痕迹存在于深灰色的沉积痕迹的内侧；$Z_0 = 50.5$ mm 位置的靶片近似处于束流相位 $\varphi_b = \pi$ 处，靶片上测得包络展宽为 5.05 mm，由于当束流展宽最宽时，电子在横向上分布最分散，束流密度过弱，因此沉积出一层淡黄色的痕迹，颜色很浅。

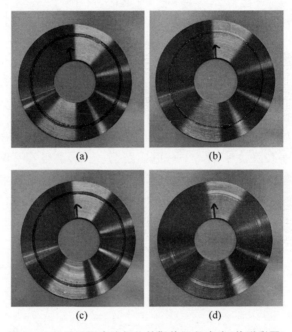

图 2.8　处于不同束流相位的靶片沉积痕迹（前附彩图）

(a) $Z_0 = 2.5$ mm；(b) $Z_0 = 18.5$ mm；(c) $Z_0 = 34.5$ mm；(d) $Z_0 = 50.5$ mm

其中一个周期内的束流包络轨迹分布如图 2.9 所示。整体上低磁场束流在靶片上的沉积痕迹平均宽度为 3.9 mm，要低于 PIC 模拟中的平均厚度 4.8 mm，这可能是由于部分外侧的电子束过于稀薄，不足以在靶片上沉积出明显的烧蚀痕迹，也可能与 PIC 模拟中阴极发射区域设置有关。在模拟中若引入部分侧发射电流对阴极端面局部的径向电场进行屏蔽，则束流包络的宽度会有所降低。实验测得包络轨迹最窄处的靶片位置为 $Z_0 = 26.5$ mm，对应宽度为 2.83 mm；最宽处的靶片位置为 $Z_0 = 50.5$ mm，对应宽度为 5.05 mm。

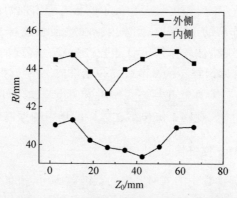

图 2.9　一个周期内的束流振荡包络轨迹

2.2　低磁场 RBWO 束流相位控制研究

2.2.1　束流包络在微波场中的振荡特性

为了方便进一步进行对束流振荡特性的研究,本书对束流包络的振荡状态进行了简化,假定电子束内外两侧包络电子的横向速度最大值相同,均为 $9.05 \times 10^7 \, \text{m/s}$。此时外侧包络电子的运动轨迹如图 2.10 所示。当外侧包络电子的振荡相位 $\varphi_b = 0$、$\varphi_b = \pi$ 时,电子束流密度最小;当外侧包络电子的振荡相位 $\varphi_b = \pi/2$,$\varphi_b = 3\pi/2$ 时,电子束流密度最大。为了避免后续研究中束流相位 φ_b 与微波场的振荡相位混淆,在这里分别将一个包络周期内电子束流密度最小的位置和最大的位置定义为包络状态 A 和 B,在一

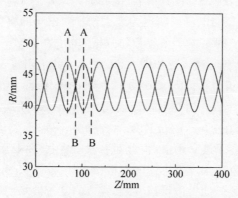

图 2.10　束流包络外层电子运动轨迹

个振荡周期内,电子束流密度最大和最小的状态会出现两次。

对于饱和工作后的 RBWO,管体内存在着强微波场分布,而在低引导磁场下,电子束在强微波场作用下可能会产生较大幅度的振荡。对于单模工作的 RBWO,管体内存在的微波分布包括 TM_{01} 模行波、TM_{01} 模驻波和 TM_{02} 模驻波。下面对在这几种模式作用下的束流包络外层电子运动轨迹进行单粒子模拟计算,观察束流包络在强微波场中的振荡特性。

2.2.1.1　TM_{01} 模行波

对于圆波导漂移管中的 TM_{01} 模的行波,场分量分布为

$$
\begin{cases}
E_r = -T_1 \beta U_0 J_1(T_1 r) \sin(\omega t - \beta z + \varphi_m) \\
E_z = T_1^2 U_0 J_0(T_1 r) \cos(\omega t - \beta z + \varphi_m) \\
B_\varphi = -\mu \varepsilon \omega T_1 U_0 J_1(T_1 r) \sin(\omega t - \beta z + \varphi_m)
\end{cases}
\tag{2.11}
$$

其中,T_1 是 TM_{01} 模的横向波数,β 是纵向波数,ω 表示角频率,μ 是磁导率,ε 是介电常数,φ_m 是微波的初始相位,U_0 是与微波功率相关的幅度参数。

波导中的 TM_{01} 模微波功率为

$$
P = \frac{\pi \omega \varepsilon}{2} \beta T_1^2 U_0^2 a^2 J_1^2(T_1 a)
\tag{2.12}
$$

其中,a 是波导半径,计算中取波导半径 $a=52$ mm,与 2.1.3 节中漂移管的半径相等。漂移管中微波频率 $f=4.3$ GHz,计算可得横向波数 $T_1 = 46.25$ m^{-1},纵向波数 $\beta = 46.25$ m^{-1}。当微波功率 $P=2$ GW 时,在电子束平均半径 $r=43$ mm 上,E_r、E_z 和 B_φ 的幅度分别为 137.28 kV/cm、32.78 kV/cm 和 0.053 T,显然径向电场的幅度要远大于轴向电场的幅度。

代入外层电子的相关运动参数,对外层电子在 TM_{01} 行波场中的振荡情况进行计算,得到运动轨迹如图 2.11 所示。其中实线表示在 $t=0$ 时刻,包络状态 A 与波相位面 $\omega t - \beta z = 0$ 相遇时的电子运动轨迹;虚线表示在 $t=0$ 时刻,包络状态 B 与波相位面 $\omega t - \beta z = 0$ 相遇时的电子运动轨迹。这里需要指出的是,在 $r > a$ 的位置处微波场并不存在,当电子运动到 $r=a$ 位置时已经轰击到了波导壁上,但此时并没有在程序内终止粒子的运动,仅期望通过单粒子轨迹来反映束流的扩散情况。

观察外层电子运动轨迹可以发现,在 TM_{01} 行波场的作用下,无论束流振荡状态 A 或 B 与场相遇,低磁场漂移段中的电子束包络产生了快速的横

向扩散。对于不同的微波初始相位 φ_m，包络的扩散情况有所不同，但是在经过短距离的轴向漂移后，外层电子的径向位移迅速超过 52 mm 并到达波导壁上。

　　显然，TM_{01} 行波场中，电子的横向运动速度也得到了快速增长，体现在漂移中横向束流包络幅度的迅速增长。这是由于随着电子束沿轴向漂移，微波场的波相位面也在沿着轴向产生漂移，进一步导致电子束横向能量持续增长，束流包络快速扩散。

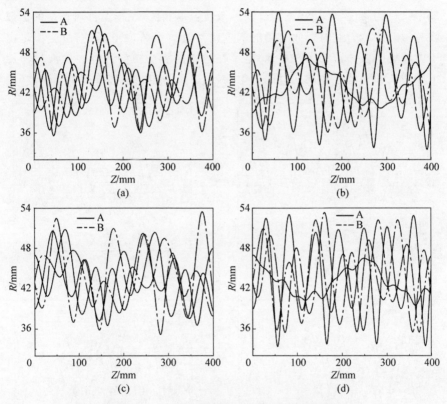

图 2.11　TM_{01} 行波场下外层电子的运动轨迹

(a) $\varphi_m = 0°$；(b) $\varphi_m = 90°$；(c) $\varphi_m = 180°$；(d) $\varphi_m = 270°$

2.2.1.2　TM_{01} 模驻波

对于圆波导漂移段中的 TM_{01} 模的驻波，场分量分布为

$$\begin{cases} E_r = -T_1 \beta U_0 J_1 (T_2 r) \sin\beta z \cos(\omega t + \varphi_m) \\ E_z = T_1^2 U_0 J_0 (T_2 r) \cos\beta z \cos(\omega t + \varphi_m) \\ B_\varphi = -\mu\varepsilon\omega T_1 U_0 J_1 (T_2 r) \cos\beta z \sin(\omega t + \varphi_m) \end{cases} \quad (2.13)$$

对于驻波场的情况,由于没有功率流动,漂移段中的微波场幅度与 2 GW 的 TM_{01} 模行波场幅度相同,计算得到外层电子在 TM_{01} 模驻波场中的运动轨迹如图 2.12 所示。观察计算结果可以发现,在 TM_{01} 驻波场下,束流包络始终维持了稳定的状态,其幅度并没有出现持续增长。无论是进入驻波场中束流的相位,还是驻波场自身的微波振荡相位,基本上都对包络的扩散没有影响。尽管此时径向电场的幅度仍然远大于轴向电场的幅度,但是由于微波场的振荡被约束在本地,电子在运动过程中横向速度在微波场作用下的增长和降低存在周期性的变化,因此束流的包络能够维持稳定。

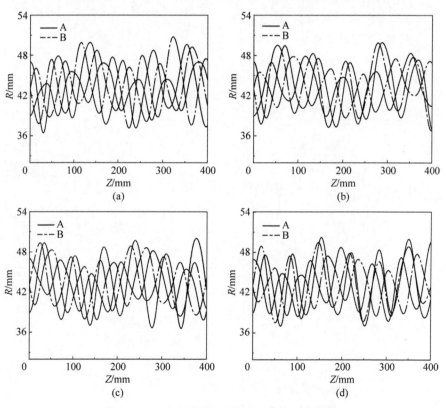

图 2.12 TM_{01} 驻波场下外层电子的运动轨迹

(a) $\varphi_m = 0°$; (b) $\varphi_m = 90°$; (c) $\varphi_m = 180°$; (d) $\varphi_m = 270°$

2.2.1.3   TM$_{02}$ 模驻波

对于圆波导漂移段中的 TM$_{02}$ 模的驻波,场分量分布为

$$\begin{cases} E_r = -T_2\beta U_0 J_1(T_2 r)\sin\beta z\cos(\omega t + \varphi_m) \\ E_z = T_2^2 U_0 J_0(T_2 r)\cos\beta z\cos(\omega t + \varphi_m) \\ B_\varphi = -\mu\varepsilon\omega T_2 U_0 J_1(T_2 r)\cos\beta z\sin(\omega t + \varphi_m) \end{cases} \quad (2.14)$$

其中,a 是波导半径,参考 TM$_{021}$ 谐振反射器的参数,取波导半径 $a =$ 70 mm;类似地,这里取微波场的幅值与波导中 2 GW 的 TM$_{02}$ 模行波场幅值相同。漂移管中微波频率 $f = 4.3$ GHz,计算可得横向波数 $T_2 =$ 78.85 m^{-1},纵向波数 $\beta = 43.49$ m^{-1},在电子束平均半径 $r = 43$ mm 上,E_r、E_z 和 B_φ 的幅度分别为 37 kV/cm、-132.90 kV/cm 和 0.026 T。与 TM$_{01}$ 模场分布不同的是,此时轴向电场的幅值要远大于径向电场的幅值。

图 2.13 展示了微波初始相位 φ_m 从 0°～315°变化时包络外层电子在 TM$_{02}$ 模驻波场作用下的运动轨迹。仿真结果表明,包络的振荡状态受到微波相位和包络相位的影响。当微波相位 φ_m 介于 45°～180°时,包络的振荡状态维持了稳定,基本没有产生横向的幅度增长;当微波初始相位 φ_m 介于 225°～315°时,与轴向场最强位置 $z = 0$ 相遇的包络状态 A 获得了持续的增长,运动轨迹很快超过了参考半径 $r = 52$ mm 的位置,而包络状态 B 则仍然维持了相对稳定。当微波相位 $\varphi_m = 0$°时,包络状态增长微弱,与轴向场最强位置 $z = 0$ 相遇的包络状态 A 增长幅度略大于包络状态 B。

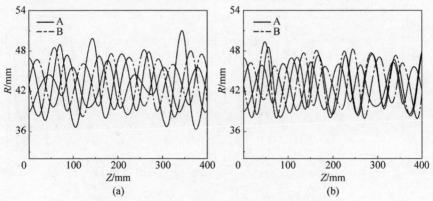

图 2.13   TM$_{02}$ 驻波场下外层电子的运动轨迹

(a) $\varphi_m = 0$°; (b) $\varphi_m = 45$°; (c) $\varphi_m = 90$°; (d) $\varphi_m = 135$°; (e) $\varphi_m = 180$°;

(f) $\varphi_m = 225$°; (g) $\varphi_m = 270$°; (h) $\varphi_m = 315$°

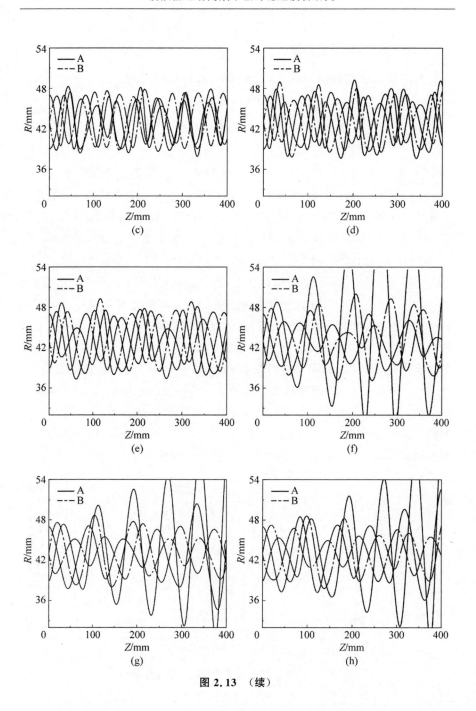

图 2.13 （续）

　　整体而言,由于在束流平均半径上 TM_{02} 模微波场的轴向电场幅度要远大于径向电场幅度,因此束流在 TM_{02} 模强驻波场中受到的轴向调制作用应当明显于横向的速度变化。束流包络的横向扩散明显受到了束流包络状态 φ_b 和微波振荡相位 φ_m 的影响,在 φ_m 介于 225°~315° 时,包络状态 A 产生了大幅的横向扩散。因此,当束流密度最小的包络状态与轴向场最强的位置匹配时,包络幅度会产生更大程度的横向增长,这不利于包络稳定传输。

2.2.2　束流包络相位对 RBWO 的影响

　　2.2.1 节对低磁场束流包络在微波场中的振荡特性基于单粒子进行了模拟分析,研究发现束流包络在 TM_{01} 模行波场中会产生快速的横向增长,在 TM_{01} 模驻波场中可以稳定传输,而在 TM_{02} 驻波场下的扩散情况和进入驻波场的束流包络的状态相关。实际工作的 RBWO 中,管体内的微波场不再呈现幅度均匀的分布,下面以一支经典结构的速调型 RBWO 为例,对束流包络在 RBWO 中的振荡特性及其影响进行研究。

　　图 2.14 给出了 C 波段速调型 RBWO 的结构,该结构包括:TM_{021} 谐振反射器,7 周期慢波结构(slow-wave structures,SWSs)与 TM_{020} 提取腔,其具体工作参数见表 2.2。其中阴极端面到管头端面距离 $L_{ak}=30\ mm$,管头端面到谐振反射器左侧距离 $L_1=34\ mm$;慢波结构选用了传统的正弦波纹,平均半径 53 mm,周期 32 mm。在基于 UNIPIC 软件开展的 PIC 模拟中,当引导磁场强度 B_z 为 0.32 T 时,当二极管工作在 870 kV 电压和 13.5 kA 电流下,该速调型 RBWO 产生的微波功率为 2.8 GW,转换效率为 23%,微波频率为 4.35 GHz。

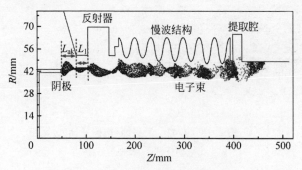

图 2.14　C 波段速调型 RBWO 结构

表 2.2　C 波段速调型 RBWO 模拟参数

工 作 参 数	数　　值	工 作 参 数	数　　值
磁场强度 B_0	0.32 T	二极管电压	870 kV
L_{ak}	30 mm	二极管电流	13.5 kA
L_1	20 mm	微波频率	4.3 GHz
慢波结构周期	32 mm	输出功率	2.8 GW
慢波结构半径	53 mm	转换效率	23%

　　从图 2.14 中的电子束实空间可以明显观察到,当 RBWO 工作饱和时,在强微波场的作用下,束流的径向振荡不再规则,束流包络也失去了严格的周期性。谐振反射器可以反射来自慢波结构中的大部分微波,同时提供束流预调制进而促进起振、提高 RBWO 工作效率。

　　该 RBWO 中使用的 TM_{021} 谐振反射器宽度为 46 mm,外半径 70 mm,内半径 52 mm,通过 CST Studio 2018 对谐振反射器的反射特性进行计算,得到 S_{11} 曲线如图 2.15 所示。该反射器可以对频率范围在 4.07 ~ 4.47 GHz 的微波实现超过 99% 以上的反射。观察图 2.16 所示的 RBWO 中的微波功率分布可以发现,在二极管区域仅有 75 MW 的微波功率泄漏。这样二极管区域与束波互作用区域通过谐振反射器近似实现了对射频功率的隔离,因此改变器件的 L_1 参数只会改变束流振荡包络进入到谐振反射器中的微波场的相位。

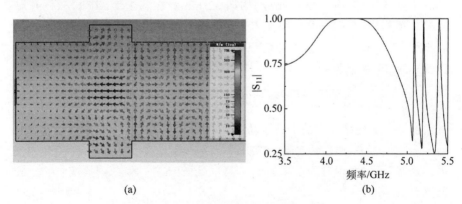

(a)　　　　　　　　　　　　　　(b)

图 2.15　TM_{021} 反射器(前附彩图)

(a) 电场分布; (b) 反射特性

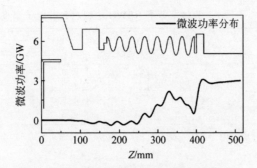

图 2.16　速调型 RBWO 中的微波功率分布

利用 CST 对该速调型 RBWO 末端注入微波，计算得到器件内部在电子束平均半径 $r=43$ mm 上电场的幅度分布如图 2.17 所示。在反射器内电场与磁场以驻波的形式存在，附近的场分布可以看作 TM_{02} 模驻波与 TM_{01} 模驻波以一定比例的混合[62]，反射器内轴向电场和径向电场的峰值相当，根据 2.2.1 节中两种模式的场分布，近似推断出两种模式的场存在比例相当。观察场分布可以发现，反射器中轴向电场最强处距离反射器左侧轴向距离为 8 mm，径向电场最强处距反射器左侧轴向距离 17 mm。

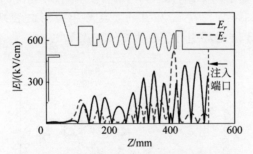

图 2.17　速调型 RBWO 中的电场幅度分布

由于束流包络在 TM_{02} 驻波场下的扩散情况和进入驻波场的束流包络的振荡相位相关，通过调节 L_1 参数对进入谐振反射器内束流的振荡相位进行控制，可以发现对于不同的 L_1 参数取值，RBWO 中束流的横向扩散情况也有所不同。

为了观察束流包络的扩散情况，本书利用 PIC 模拟手段，对不同 L_1 参数下 RBWO 中与漂移管中电子束的横向速度 γv_T 进行了观测，模拟结果如表 2.3 所示。模拟结果表明，在有微波存在的情况下，电子束的平均横向速度都要增长 30% 以上，束流包络出现了明显的扩散。

表 2.3   不同 L_1 参数取值下 RBWO 中观测到的电子束横向速度

L_1/mm	所有电子横向速度/(10^8 m/s)	观测束长为 64 mm 时电子横向速度/(10^8 m/s)	输出功率/GW
2	1.445	1.500	2.76
22	1.376	1.463	3.36
40	1.478	1.657	2.15
69	1.282	1.209	3.11

注：在漂移管中，所有电子横向速度为 0.978×10^8 m/s，观测束长为 64 mm 时电子横向速度为 0.900×10^8 m/s。

当 L_1＝2 mm 或 40 mm 时，电子束横向速度增长较高，管体内电子的横向速度超过了 1.4×10^8 m/s，谐振反射器附近一个束流周期内的电子横向速度均值不低于 1.5×10^8 m/s；而当 L_1＝22 mm 或 69 mm 时，电子束横向速度增长较低，管体内电子的横向速度未超过 1.4×10^8 m/s，谐振反射器附近一个束流周期内的电子横向速度均值也未超过 1.5×10^8 m/s。

对该速调型 RBWO 的 L_1 参数进行扫描，得到在 0.32 T 和 2.3 T 引导磁场下微波输出功率随 L_1 的变化曲线如图 2.18 所示。在 0.32 T 低磁场引导下，器件输出的微波功率存在两个峰值，分别在 L_1＝22 mm 或 69 mm 时，器件输出功率超过 3 GW；而在 L_1＝40 mm 时，产生的微波输出功率仅为 2.15 GW。在 0.32 T 下，束流相位对微波功率的影响超过 35%，而在 2.3 T 强磁场引导下仅为 7%。

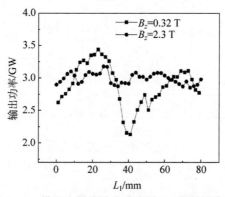

图 2.18   模拟中器件输出功率随 L_1 参数的变化

图 2.19 和图 2.20 分别给出了 L_1＝22 mm 和 L_1＝40 mm 两种情况下速调型 RBWO 工作饱和后电子束的实空间和轴向速度的相空间分布。当电子束进入谐振反射器后，在强射频场作用下，束流包络不再呈现为原本的规则振荡，周期性也不再明显。

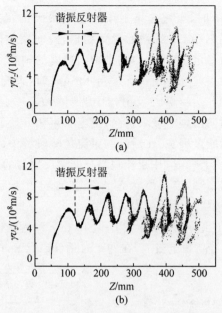

图 2.19　不同 L_1 参数下的电子实空间分布

（a）$L_1 = 22$ mm；（b）$L_1 = 40$ mm

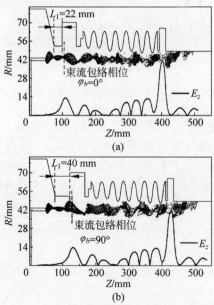

图 2.20　不同 L_1 参数下的电子相空间分布

（a）$L_1 = 22$ mm；（b）$L_1 = 40$ mm

当 $L_1=22$ mm 时，束流包络上束流密度最大的状态（束流相位 $\varphi_b=$ $\pi/2$）与反射器中调制场 E_z 最强的位置相遇，此时实空间中束流包络在横向的振荡幅度较为稳定，电子相空间中轴向速度的调制能散较小，有利于电子的群聚与高效的束波互作用；当 $L_1=40$ mm 时，束流包络上束流密度最小的状态（束流相位 $\varphi_b=0$）与反射器中调制场 E_z 最强的位置相遇，实空间中束流包络在横向出现了较大扩张，当电子束离开反射器时，束流的速度调制出现了较大的能量展宽，在后续的束流传输过程中，束流能散要明显大于前一种情况。参考图 2.20 中束流包络与谐振反射器的相对位置与图 2.17 中的电场分布可以发现，当包络状态 A 和驻波场相遇时，电子束的横向速度增长更多，束流包络产生了更大的扩散。

图 2.21 给出了 $L_1=22$ 和 $L_1=40$ mm 两种情况下速调型 RBWO 中的轴向电场 E_z 与高频电流 I_z 在同一时刻（$t=38$ ns 时）的分布。

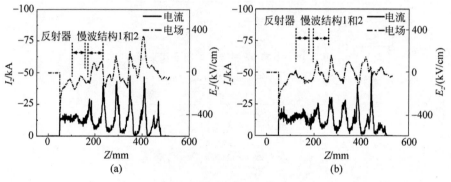

图 2.21　RBWO 内部轴向电场与高频电流分布

(a) $L_1=22$ mm；(b) $L_1=40$ mm

当 $L_1=22$ mm 时，束流包络横向扩散较弱，获得的速度调制能散较小，因此在经过谐振反射器和前两个慢波结构后高频电流获得了充分增长，同时高频电流与减速电场匹配较好，因此器件工作效率较高，功率、效率分别为 3.36 GW、28%；当 $L_1=40$ mm 时，束流包络横向扩张较大，束流的能散较大，因此在慢波结构中高频电流增长不足，不利于高效的束波互作用，功率、效率仅为 2.15 GW、18%。由于在一个包络周期内，束流密度最大的包络状态出现两次，这就解释了为何图 2.18 中微波功率在一个束流周期内（0.32 T 引导磁场下束流周期约为 78 mm）出现了两个峰值。

2.2.3　束流包络相位控制实验研究

为了验证进入谐振反射器中的束流包络相位对低磁场 RBWO 的影响,进而通过控制束流相位提高器件工作效率,本节基于 TPG1000 驱动源开展了低磁场束流相位控制实验。实验系统如图 2.22 所示,主要由脉冲驱动源、脉冲磁体、C 波段速调型 RBWO、圆波导、模式转换器、馈源、聚苯乙烯介质面和辐射场测量系统组成。实验中,在前级高压电脉冲下石墨阴极爆炸发射强流电子束,电子束在二极管中获得加速并驱动 C 波段速调型 RBWO 产生 HPM 辐射。

进入波导中的微波经模式转换器,由喇叭天线,经聚苯乙烯介质窗辐射到大气中。辐射场微波由角锥喇叭天线耦合,微波信号经过合适衰减后由晶体检波器转换为检波信号并由高速示波器测得。

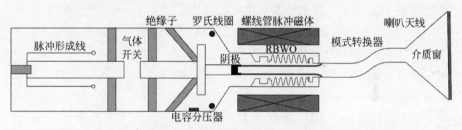

图 2.22　束流相位控制实验系统

实验使用了经典的速调型 RBWO 结构,类似于图 2.14。在实验中经过对引导磁场强度、阴阳极间距 L_{ak}、漂移段长度 L_1 和慢波结构等进行了大量参数调节,最终得到器件的最优工作参数如表 2.4 所示。

表 2.4　C 波段速调型 RBWO 工作参数

工 作 参 数	数 值	工 作 参 数	数 值
磁场强度 B_0	0.36 T	二极管电压	870 kV
L_{ak}	41 mm	二极管电流	13.5 kA
L_1	22 mm	微波频率	4.37 GHz
慢波结构周期	32 mm	输出功率	3.3 GW
慢波结构半径	53 mm	转换效率	28%

在 0.36 T 引导磁场下,当二极管电压、电流分别为 870 kV、13.5 kA 时,该速调型 RBWO 获得辐射场积分功率为 3.3 GW,对应转换效率为 28%。实验波形如图 2.23 所示,TPG1000 驱动源电压波脉宽为 45 ns,输

出微波脉宽为 22 ns,经快速傅里叶变换得到微波频率为 4. 37 GHz。

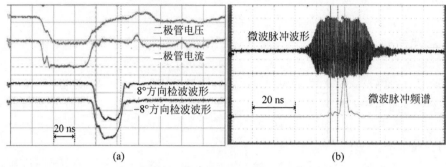

图 2. 23　束流相位实验波形
(a) 二极管电压、电流和辐射场波形;(b) 微波波形及频谱

器件实验中工作效率最高的阴阳极间距 $L_{ak}=41$ mm,引导磁场 $B_0=0.36$ T,与 2.1.3 节束流包络实验中漂移管的二极管工作参数相同。而在 2.2.1 节器件模拟最优对应的参数为 $L_{ak}=30$ mm,引导磁场 $B_0=0.32$ T。实验最优的参数在 PIC 模拟中仅有 2.4 GW 的微波输出,这与模拟中阴极的发射区域有关。

图 2.24 给出了阴极发射区域设置不同时,器件未起振时速调型 RBWO 中电子束的实空间分布。在 PIC 模拟中,当电子束仅从阴极端面发射时,束流包络的最大径向位移为 48 mm,而当侧发射长度为 1 mm 时,束流最大径向位移降低为 46.5 mm。这是由于当阴极侧发射存在时,侧发射电流的空间电荷场在一定程度上屏蔽了电子发射区域的径向电场,因此电子的径向速度要低于第一种情况。

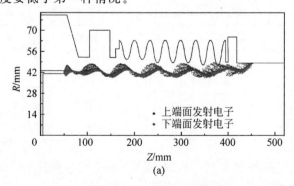

(a)

图 2. 24　不同阴极发射模型对应的电子实空间分布(前附彩图)
(a) 仅端面发射;(b) 存在 1 mm 侧发射

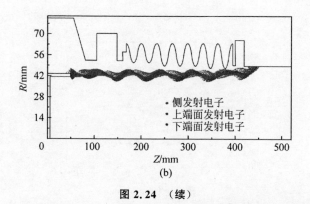

图 2.24 （续）

表 2.5 列举了阴极不同发射区域发射电流的比例。当电子束仅从阴极端面发射时,阴极上端面、下端面发射电流分别为 8.3 kA、4.8 kA;阴极侧沿、上端面和下端面发射时电流分别为 6.2 kA、4.1 kA 和 3.3 kA,根据电流发射比例,65% 以上的电子由阴极外沿两侧发射出来,因此阴极的外半径是器件高效工作的关键所在[63],这也就在物理上解释了为什么漂移管中电子束的平均半径接近阴极的外半径。

表 2.5 阴极发射电流比例

发 射 模 型	总电流	上端面发射电流	下端面发射电流	侧发射电流
仅端面发射	13.1 kA	8.3 kA	4.8 kA	—
侧发射长度 1 mm	13.6 kA	4.1 kA	3.3 kA	6.2 kA

在其他参数相同的条件下,在 PIC 模拟中对阴极侧发射区域的长度进行了调节,图 2.25 给出了模拟结果,研究结果表明,侧发射是否存在,对微波功率的影响超过 30%,而侧发射区域的长度对于束流电流、微波功率则几乎没有影响。

由于谐振反射器的反射特性,器件参数 L_1 只改变进入驻波场中的束流相位,这导致束流包络产生不同程度的扩散,从而使电子束速度调制的均一性产生了差异。在实验中通过调节 L_1 长度研究了束流包络相位对低磁场 RBWO 输出功率的影响,如图 2.26 所示,实验结果与模拟规律较为相似。当 L_1=24.5 mm 和 58.5 mm 时,曲线上的功率峰值分别为 3.3 GW 和 3.1 GW;当 L_1=40 mm 时由于束流相位和调制场的失配,微波功率仅为 1.95 GW。

根据 2.1.3 节中低磁场束流包络实验的结果,采用相同二极管结构和

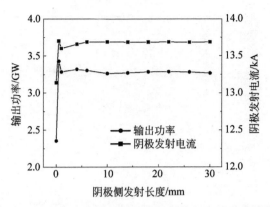

图 2.25　输出功率、发射电流随阴极侧发射区域长度的变化

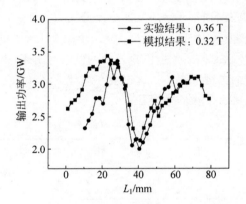

图 2.26　实验中器件输出功率随 L_1 参数的变化

二极管电压、电流工作时,束流密度最高的相位 $\varphi_b = \pi/2$ 对应的靶片位置近似在 $Z_0 = 34.5$ mm 附近,而当漂移段长度 $L_1 = 24.5$ mm 时谐振反射器中调制场最强的位置在 $Z = 32.5$ mm,这恰好证实了 2.2.1 节中的结论,即当束流密度最高的相位与调制场强最强的位置相遇时,束流横向扩散最小,获得调制能散较小,产生的微波功率最高。

图 2.27 分别给出了有无侧发射时速调型 RBWO 中的束流密度分布,不难看出,当阴极侧发射存在时,外侧电子振荡幅度降低,束流包络密度最大的相位整体约向前偏移了 8 mm,导致了器件中束流相位与调制场的失配。因此使用速调型 RBWO 模拟较优的参数,在实验中仅获得了 2.4 GW 功率。

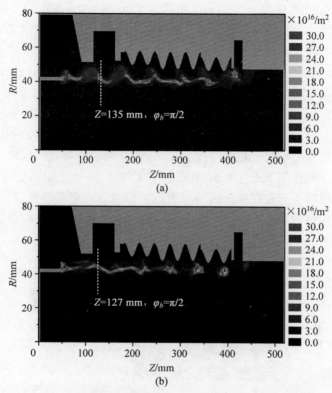

图 2.27　不同阴极发射模型对应的束流密度分布（前附彩图）

（a）仅端面发射；（b）存在 1 mm 侧发射

2.3　低磁场 RBWO 束流振幅控制研究

2.3.1　加速区束流包络传输特性

2.1.1 节中束流包络的解析分析结果表明，在恒定引导磁场 B_0 下，漂移管中束流振荡包络的幅度，即最外侧电子的振荡幅度 $a_{\max}$ 取决于进入漂移管时电子的初始位移 s_0 与初始横向速度 v_0，而 s_0 与 v_0 由电子在二极管加速区获得的横向加速决定。图 2.28 给出了无箔二极管结构示意，主要参数包括阴极外径 r_c、阳极半径 r_a、管头斜面宽度 L_{th}、阴阳极间距 L_{ak} 和漂移管内径 r_{tube}，通过调节管头斜面宽度 L_{th} 可实现对管头倾角 θ_{th} 的调节。

对该二极管结构参数分别取 $r_c=43\ \text{mm}$、$r_a=80\ \text{mm}$、$L_{th}=20\ \text{mm}$、

$L_{ak} = 30$ mm 和 $r_{tube} = 53$ mm,取二极管电压 $U_d = 820$ kV,通过软件 COMSOL 5.3a 中二极管区域内的电场分布进行了模拟,得到结果如图 2.29 所示。可见在同轴传输线区域电场主要为径向分量,同轴内导体表面电场幅度 $|E_r| = 304$ kV/cm;在阴极和阳极管头之间的加速区域,同时存在强的轴向电场 E_z 和径向电场 E_r,电场幅度 $|E_r|$ 在数百千伏每厘米量级;在阳极管头附近存在局部增强的径向电场,其幅度 $|E_r|$ 超过 170 kV/cm。

无箔二极管工作时,由环形阴极发射出的强流电子束首先在二极管加速区受到结构电场与外加轴向磁场作用,在获得轴向加速的同时也会在电场的径向分量作用下产生位移和横向速度的增长,这是束流包络的成因;随后在阳极管头附近存在局部增强的径向电场会对电子的振荡产生扰动,引发束流包络的变化;最后在漂移管中的结构电场迅速衰减,束流包络在轴向磁场引导下向前稳定传输。

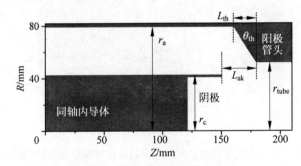

图 2.28　无箔二极管的结构参数

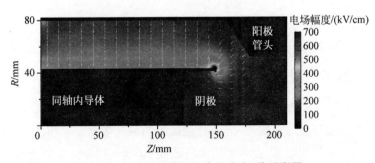

图 2.29　无箔二极管结构电场分布(前附彩图)

2.3.1.1　束流包络振荡幅度

在对束流包络振荡幅度的分析中,沿用叶虎博士学位论文中的假设,假定二极管加速区空间电荷力的作用可以忽略,在电子到达最大振荡半径的运动过程中,所经过的电场分布接近同轴无限大极板结构中的电场分布[64]。因此可以认为,电子的运动近似为在无限长同轴极板间的正交电磁场作用下进行,运动模型如图 2.30 所示。这里 B_0 为引导磁场,m_0、q 分别表示电子静质量和电荷量,r_c、r_a 分别为阴、阳极半径,电子最大径向位移 $r_0 = r_c + d_0$,d_0 即为电子束包络最大半径,U_d 表示二极管电压。

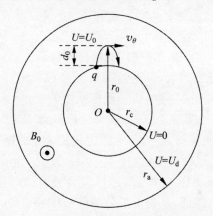

图 2.30　柱坐标系正交电磁场中电子的运动

假定阴极发射电子初始速度为零,根据电子角向的正则角动量守恒,得

$$\gamma(r_0)m_0 v_\theta(r_0)r_0 - \frac{1}{2}qB_0 r_0^2 = -\frac{1}{2}qB_0 r_c^2 \qquad (2.15)$$

当电子到达最大半径 r_0 时,电子的相对论能量因子为

$$\gamma(r_0) = 1 + \frac{qU_0}{m_0 c^2} \qquad (2.16)$$

其中,半径 r_0 处电势为

$$U_0 = \frac{U_d \ln(r_0/r_c)}{\ln(r_a/r_c)} = \frac{U_d \ln\left[(r_c + d_0)/r_c\right]}{\ln(r_a/r_c)} \qquad (2.17)$$

另外,$\gamma(r_0)v_\theta(r_0) = c[\gamma^2(r_0) - 1]^{1/2}$,可得

$$qB_0 \frac{r_0^2 - r_c^2}{2r_0} = c\gamma(r_0)m_0 v_\theta(r_0) = m_0 c\left[\left(1 + \frac{qU_0}{m_0 c^2}\right)^2 - 1\right]^{1/2}$$

$$(2.18)$$

将电势代入可得

$$B_0 = \frac{2r_0}{r_0^2 - r_c^2}\left[\frac{2m_0 U_d \ln(r_0/r_c)}{q \ln(r_a/r_c)}\right]^{1/2}\left[1 + \frac{q U_d \ln(r_0/r_c)}{2m_0 \ln(r_a/r_c)}\right]^{1/2}$$

$$(2.19)$$

式(2.19)给出了二极管电子径向最大位移 d_0 与二极管工作参数 U_d、B_0、r_a 之间的推导关系,下面基于 PIC 软件,对二极管结构电场中束流包络受到二极管参数的影响展开模拟研究。在分别固定其他参数的情况下,得到二极管加速区中束流包络最大径向位移 d_0 受到二极管参数的影响规律如图 2.31 所示,分析可得:

(a) 保持 $U_d = 820$ kV 不变时,加速区包络最大径向位移 $r_c + d_0$ 与引导磁场 B_0 近似呈反比例关系,为使得在此二极管电压下工作时束流包络能向前稳定传输,工作磁场 B_0 应不低于 0.3 T。

(b) 在 0.32 T 引导磁场下,二极管结构参数固定时,随着 U_d 的增长,加速区包络最大径向位移 $r_c + d_0$ 也随之增长。在二极管电压达到 950 kV 时,束流包络仍能在二极管中稳定传输。

(c) 在固定阴极半径 r_c 时,加速区包络最大径向位移 $r_c + d_0$ 随着阳极半径 r_a 的增加而降低,这是由于随着阳极半径增加,二极管区域的径向结构电场得到了降低。当阳极半径增加至 100 mm 时,d_0 趋于稳定。尽管增加 r_a 有利于 d_0 的降低,但是过大的阳极尺寸会增加引导磁场的成本,在器件设计时应当折中考虑。

(d) 随着阴阳极间距 L_{ak} 的增加,二极管区域的径向结构电场降低,因此 d_0 也随之减小。与阳极半径 r_a 的影响类似,此 d_0 的减小效果也随 L_{ak} 不断增大而变缓。

2.3.1.2 局部径向电场的扰动

在进入漂移管前,束流振荡包络还可能受到位于阳极管头局部径向电场的扰动,引起振荡包络的变化。西北核技术研究所的张广帅曾在其硕士学位论文中对局部电场扰动导致电子运动状态发生的变化进行了推导[61],考虑到全书内容的完整性,下面对其进行简要的理论推导。考虑在柱坐标系下,静止质量为 m_0,电荷量为 q 的电子在外加均匀直流磁场 B_0、径向电场 E_r 中做回旋运动,回旋角速度 $\Omega = qB_0/\gamma m_0$,γ 为相对论修正常数,其运动模型如图 2.32 所示。

在电子的传输轨迹上,仅在区域 II ($z_1 < z \leqslant z_2$) 内存在恒定的均匀电场:

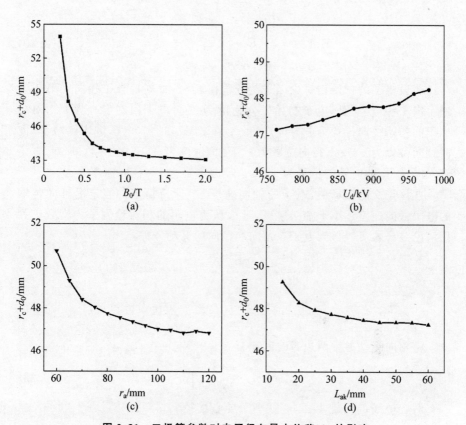

图 2.31　二极管参数对电子径向最大位移 d_0 的影响

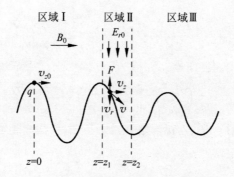

图 2.32　电子在局部电场扰动下的运动模型

$$E_r(z) = \begin{cases} 0, & z \leqslant z_1 \\ -E_{r0}, & z_1 < z \leqslant z_2 \\ 0, & z > z_2 \end{cases} \tag{2.20}$$

假设电子的初始相对论因子为 γ_0，在 $t=0$ 时刻垂直于径向入射于区域 I 内 $z=0$ 位置处，电子初始轴向速度为 v_{z0}，电子回旋中心为 r_{c0}，对应电子的初始径向位置为 $r_0 = r_{c0} + r_{a0}$；在 $t=t_1$ 时刻，电子进入区域 II，此时轴向位置为 $z=z_1$，径向位置为 r_1，径向速度为 v_{r1}；在 $t=t_2$ 时刻，电子进入区域 III，此时轴向位置为 $z=z_2$，径向位置为 r_2，径向速度为 v_{r2}。

在该正交电磁场中，电子的轴向速度 v_z 保持恒定。假定沿轴向传输的电子横向速度远小于轴向速度，近似认为电子的相对论因子为常数。利用洛伦兹公式可以得到电子在角向和径向的运动方程：

$$\begin{cases} \dfrac{\mathrm{d}(r^2 \dot{\theta})}{\mathrm{d}t} = \dfrac{qB_0}{\gamma_0 m_0} r\dot{r} \\ \ddot{r} - r\dot{\theta}^2 + \dfrac{qB_0}{\gamma_0 m_0} r\dot{\theta} = -\dfrac{qE_r}{\gamma_0 m_0} \end{cases} \tag{2.21}$$

将角向运动方程两边对时间积分：

$$\int \mathrm{d}(r^2 \dot{\theta}) = \dfrac{qB_0}{2\gamma_0 m_0} \int \mathrm{d}r^2 \tag{2.22}$$

假定电子的回旋半径 r_a 远小于导心半径 r_{c0}，在漂移过程中电子径向位移 $r = r_{c0} + \Delta r$ 中波动项 Δr 较小，取 $\dot{\theta}_0 = qB_0 \Delta r_0 / \gamma_0 m_0 r_0$，略去小量，得到角速度近似为

$$\dot{\theta} = \dfrac{qB_0(r^2 - r_0^2)}{2\gamma m_e r^2} + \dot{\theta}_0 \dfrac{r_0^2}{r^2} \approx \dfrac{qB_0 \Delta r}{\gamma_0 m_0 r} \tag{2.23}$$

将式(2.23)代入径向运动方程

$$\ddot{r} + r\left(\dfrac{qB_0}{\gamma m_e}\right)^2 \left[\dfrac{\Delta r}{r} - \left(\dfrac{\Delta r}{r}\right)^2\right] = -\dfrac{qE_r}{\gamma m_e} \tag{2.24}$$

回旋角速度 $\Omega = qB_0 / \gamma m_e$，略去二阶小项，径向运动方程可简化为

$$\Delta \ddot{r} + \Delta r \Omega^2 = -\dfrac{qE_r}{\gamma m_0} \tag{2.25}$$

上述二阶微分方程有通解：

$$\begin{cases} \Delta r = A\sin(\Omega t + \varphi_0) - \dfrac{qE_r}{\gamma m_0 \Omega^2} \\ \Delta \dot{r} = A\Omega\cos(\Omega t + \varphi_0) \end{cases} \tag{2.26}$$

(1) 当电子在区域 Ⅰ 内漂移时,根据电子的入射状态,运动方程解为

$$\begin{cases} \Delta r = r_{a0}\sin\Omega t \\ \Delta \dot{r} = r_{a0}\Omega\cos\Omega t \end{cases} \tag{2.27}$$

进而电子的径向位移与径向速度满足:

$$\begin{cases} r = r_{c0} + \Delta r = r_{a0}\sin\Omega t + r_{c0} \\ \dot{r} = \Delta \dot{r} = r_{a0}\Omega\cos\Omega t \end{cases} \tag{2.28}$$

在 $t = t_1$ 时刻,电子进入区域 Ⅱ,此时轴向位置为 $z = z_1$,径向位置为 r_1,径向速度为 v_{r1},满足:

$$\begin{cases} \Delta r_1 = r_{a0}\sin\Omega t_1 \\ v_{r1} = r_{a0}\Omega\cos\Omega t_1 \end{cases} \tag{2.29}$$

(2) 当电子在区域 Ⅱ 内漂移时,运动方程为

$$\begin{cases} r = r_{a1}\sin[\Omega(t - t_1) + \varphi_1] + \dfrac{qE_{r0}}{\gamma m_e \Omega^2} + r_{c0} \\ \dot{r} = r_{a1}\Omega\cos[\Omega(t - t_1) + \varphi_1] \end{cases} \tag{2.30}$$

将入射状态表达式(2.29)代入,可得电子回旋半径为

$$r_{a1} = \sqrt{\left(\Delta r_1 - \dfrac{qE_{r0}}{\gamma m_0 \Omega^2}\right)^2 + \dfrac{v_{r1}^2}{\Omega^2}} = r_{a0}\sqrt{1 - \dfrac{E_{r0}}{B_0 r_{a0} \Omega}\left(2\sin\Omega t_1 - \dfrac{E_{r0}}{B_0 r_{a0}\Omega}\right)} \tag{2.31}$$

电子的入射相位满足:

$$\sin\varphi_1 = \dfrac{\Delta r_1 - \dfrac{qE_{r0}}{\gamma m_0 \Omega^2}}{r_{a1}}, \quad \cos\varphi_1 = \dfrac{v_{r1}}{r_{a1}\Omega} \tag{2.32}$$

在 $t = t_2$ 时刻,电子进入区域 Ⅲ,此时轴向位置为 $z = z_2$,径向位置为 r_2,径向速度为 v_{r2},满足:

$$\begin{cases} \Delta r_2 = r_{a1}\sin[\Omega(t_2 - t_1) + \varphi_1] + \dfrac{qE_{r0}}{\gamma_0 m_0 \Omega^2} \\ v_{r2} = r_{a1}\Omega\cos[\Omega(t_2 - t_1) + \varphi_1] \end{cases} \tag{2.33}$$

（3）当电子在区域Ⅲ内漂移时，运动方程为

$$\begin{cases} r = r_{a2}\sin[\Omega(t - t_1 - t_2) + \varphi_2] + r_c \\ \dot{r} = r_{a2}\Omega\cos[\Omega(t - t_1 - t_2) + \varphi_2] \end{cases} \tag{2.34}$$

将入射状态表达式（2.33）代入，类似可得电子回旋半径为

$$r_{a2} = r_{a1}\sqrt{1 - \frac{E_{r0}}{B_0 r_{a1}\Omega}\left\{-2\sin[\Omega(t_2 - t_1) + \varphi_1] - \frac{E_{r0}}{B_0 r_{a1}\Omega}\right\}}$$

$$= r_{a0}\sqrt{1 - \frac{E_{r0}}{B_0 r_{a0}\Omega}\left(2\sin\Omega t_1 - \frac{E_{r0}}{B_0 r_{a0}\Omega}\right)} \cdot$$

$$\sqrt{1 - \frac{E_{r0}}{B_0 r_{a1}\Omega}\left\{-2\sin[\Omega(t_2 - t_1) + \varphi_1] - \frac{E_{r0}}{B_0 r_{a1}\Omega}\right\}} \tag{2.35}$$

电子的入射相位满足：

$$\sin\varphi_2 = \frac{\Delta r_2}{r_{a2}}, \quad \cos\varphi_2 = \frac{v_{r2}}{r_{a2}\Omega} \tag{2.36}$$

令电子进入、离开区域Ⅱ时的振荡相位分别为 $\varphi_{in} = \Omega t_1$，$\varphi_{out} = \Omega(t_2 - t_1) + \varphi_1$，引入电场的影响因子 $\alpha = E_{r0}B_0 r_{a0}\Omega$，可将电子回旋半径 r_{a2} 简化为

$$r_{a2} = r_{a0}\sqrt{\left[\alpha - \sqrt{1 - \alpha(2\sin\varphi_{in} - \alpha)}\right]^2 + 2\alpha\sqrt{1 - \alpha(2\sin\varphi_{in} - \alpha)}\,(\sin\varphi_{out} + 1)} \tag{2.37}$$

由式（2.37）可知，当电子离开局部径向电场时的相位满足 $\sin\varphi_{out} = -1$ 时，电子的回旋半径最小，为

$$r_{a2,min} = r_{a0}\left|\alpha - \sqrt{1 - \alpha(2\sin\varphi_{in} - \alpha)}\right| \tag{2.38}$$

当区域Ⅱ内的径向电场较小时，$E_{r0} < B_0 r_{a0}\Omega/2$，有 $\alpha < 1/2$，电子的回旋半径在电子进入局部电场相位满足 $\sin\varphi_{in} = 1$ 时最小，对应最小值为

$$r_{a2,min} = r_{a0}(1 - 2\alpha) = r_{a0}\left(1 - \frac{2E_{r0}}{B_0 r_{a0}\Omega}\right) \tag{2.39}$$

当区域Ⅱ内的径向电场较大时，$E_{r0} > B_0 r_{a0}\Omega/2$，有 $\alpha > -1/2$，当电子进入局部电场相位满足 $\sin\varphi_{in} = 1/2\alpha$ 时，可以将电子的回旋半径减小为 0。

在本节对局部径向电场扰动下电子径向运动的变化进行的理论推导和分析中，考虑的径向电场呈式（2.20）中的理想矩形脉冲分布，当电子离开径向电场时的振荡相位满足 $\sin\varphi_{out} = -1$ 时，电子的回旋半径在电场作用下降为最小。在实际的无箔二极管中，管头附近的局部径向电场不同于矩形

脉冲电场,沿径向场强不再均一且沿轴向连续分布,应结合实际的电子运动轨迹、电场分布进行分析。

　　下面基于 PIC 模拟,对实际二极管结构中局部径向电场的影响进行研究。对于图 2.29 所示的无箔二极管结构,通过调节阴阳极间距 L_{ak} 即可改变二极管束流离开管头局部电场时的振荡相位 φ_{out}。图 2.33 给出了改变参数 L_{ak} 时,二极管加速区电子的最大、最小径向位移 r_c+d_0、r_c+d_1,和进入漂移管中电子的最大、最小径向位移 r_0、r_1 的变化。

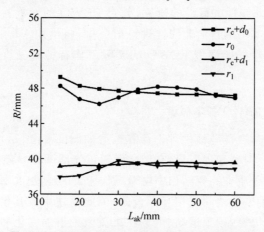

图 2.33　阴阳极间距对束流包络径向位移的影响

　　模拟结果表明,当 L_{ak} 为 5～30 mm 时,包络最大径向位移 d_0 在局部电场作用下变小,包络外侧电子振荡被抑制;当 L_{ak} 为 35～50 mm 时,包络最大径向位移 r_c+d_0 在局部电场作用下变大,包络外侧电子振荡被增强,通过改变束流离开局部电场时的振荡相位 φ_{out},可以改变局部电场对束流振荡的作用效果。

　　当包络外侧电子的径向振荡受到抑制作用时,包络内侧电子的径向振荡得到了增强,这是由于内、外两侧电子所处于的振荡相位 φ_b 相反。随着半径增大,管头局部的电场更强,因此包络最大径向位移 r_c+d_0 经由局部电场作用所产生的变化要比包络最小径向位移的变化更加明显。

2.3.2　RBWO 三维非线性理论

　　无箔二极管的物理构型决定了其在有限大磁场下束流会存在明显的横向展宽,而根据 2.2.3 节中的研究结果,无箔二极管中超过 65% 以上的电子都由阴极外沿两侧发射而来并分布在束流包络的外侧,因此研究束流振荡幅度对束波互作用效率的影响对于低磁场器件研究工作至关重要。在本节中,将建立三维理论模型来描述有限大磁场下 RBWO 中的束波互作用过程,利用该模型对低磁场 RBWO 工作效率进行预测,并开展不同磁场下束流振荡幅度,即横向振荡速度对束波互作用效率的影响研究,进而形成低磁场下束流状态对束波互作用过程影响的物理认识。

在 RBWO 工作饱和后,RBWO 内的束波相互作用过程是典型的非线性作用[65],1993 年俄罗斯的 A. Vlasov 率先展开了对有限大引导磁场下 RBWO 中三维非线性方程组的研究,并对 RBWO 的回旋共振区域进行了有效预测[66]。本书的自洽非线性理论研究中,将沿用 Vlasov 非线性理论的基本假设,并根据速调型 RBWO 的实际工作特征对三维非线性模型进行修正。

2.3.2.1　RBWO 基本假设

速调型 RBWO 的非线性理论计算模型如图 2.34 所示,在慢波结构前后分别引入了反射器和提取腔,它们之间通过光滑圆波导连接。当 RBWO 工作时,强流电子束在高频结构中电磁场作用下的运动、高频结构中射频场在束流激励下的变化之间是相互耦合的,因此描述束波互作用过程的方程组包括电子在场的作用下运动、电场在束流激励下的变化和电子相位三方面的方程。

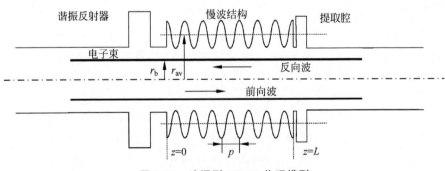

图 2.34　速调型 RBWO 物理模型

为了简化模型,本书在研究中引入以下简化假设:

(1) 仅对 RBWO 工作饱和的稳态情况进行计算;

(2) 假设在电子束调制、群聚、能量交换过程中,空间电荷场的横向作用可以忽略,只考虑一阶轴向场的作用;

（3）假设慢波结构中的束-波相互作用为弱耦合,高频结构中热腔的电磁场横向分布与冷腔分布相同,其幅值为空间坐标的慢变函数;

（4）由于 KL-RBWO 工作在近 π 模式,假设电子束与慢波结构中 TM_{01} 模式的前向基波和反向 -1 次谐波同时产生作用;

（5）假定低磁场 RBWO 并不工作在回旋共振吸收区,忽略 TM_{01} 模式的前向 1 次谐波、反向基波等对电子束运动的影响。

由于谐振反射器和提取腔引入了高频结构的突变,使得高频结构场分布产生了变化,为了简化理论分析过程,书中首先对慢波结构中的束波互作用过程进行求解和分析,随后引入反射器和提取腔对理论模型的影响。

2.3.2.2　慢波结构中的场分布

当电子束进入慢波结构中,将激励起沿 $-z$ 方向传输的 TM_{01} 模式反向波,并产生相互作用,将自身能量转换为电磁场能量。假定使用的慢波结构为一段长度为 L 的正弦波纹波导,平均半径为 r_{av},轴向周期长度为 p。对于在慢波结构冷腔中沿 $-z$ 方向传输的 TM_{01} 模微波,其各次空间谐波波数满足:

$$-\frac{\pi}{p} < \beta_0^- < 0, \quad \beta_n^- = \beta_0^- - \frac{2n\pi}{p} \tag{2.40}$$

假定沿 $-z$ 方向传输的 TM_{01} 模微波在 $z=0$ 处受到反射,部分微波成为沿 $+z$ 方向传播的前向波。前向波的各次空间谐波波数:

$$0 < \beta_0^+ < \frac{\pi}{p}, \quad \beta_n^+ = \beta_0^+ + \frac{2n\pi}{p} \tag{2.41}$$

然后,前向波在 $z=L$ 处受到反射,部分微波成为沿 $-z$ 方向传输的反向波。因此,慢波结构中热腔场分布可以写成:

$$\begin{cases} \boldsymbol{E}(r,z,t) = \left[\boldsymbol{E}_-(r,z) + \boldsymbol{E}_+(r,z)\right] \mathrm{e}^{j\omega t} \\ \qquad = \left[g_-(z,t)\boldsymbol{E}_{-p}(r,z) + g_+(z,t)\boldsymbol{E}_{+p}(r,z)\right] \mathrm{e}^{j\omega t} \\ \boldsymbol{H}(r,z,t) = \left[\boldsymbol{H}_-(r,z) + \boldsymbol{H}_+(r,z)\right] \mathrm{e}^{j\omega t} \\ \qquad = \left[g_-(z,t)\boldsymbol{H}_{-p}(r,z) + g_+(z,t)\boldsymbol{H}_{+p}(r,z)\right] \mathrm{e}^{j\omega t} \end{cases} \tag{2.42}$$

其中,$\boldsymbol{E}_{\pm p}(r,z)$ 和 $\boldsymbol{H}_{\pm p}(r,z)$ 分别为无限长慢波结构中 TM_{01} 模的冷腔正向波与反向波,$\boldsymbol{E}_{\pm}(r,z)$ 和 $\boldsymbol{H}_{\pm}(r,z)$ 分别为热腔中的前向波与反向

波。根据 Floquet 定律，可以将冷腔场 $\boldsymbol{E}_{\pm p}(r,z)$ 和 $\boldsymbol{H}_{\pm p}(r,z)$ 分解为系列空间谐波的组合[67]：

$$
\begin{cases}
E_{\pm pz}(r,z) = -\sum_{n=-\infty}^{+\infty} \tau_n^2 A_n I_0(\tau_n r) \, \mathrm{e}^{-\mathrm{j}\beta_n^\pm z} \\
E_{\pm pr}(r,z) = -\mathrm{j} \sum_{n=-\infty}^{+\infty} \tau_n \beta_n^\pm A_n I_1(\tau_n r) \, \mathrm{e}^{-\mathrm{j}\beta_n^\pm z} \\
H_{\pm p\phi}(r,z) = -\mathrm{j}\omega\varepsilon_0 \sum_{n=-\infty}^{+\infty} \tau_n A_n I_1(\tau_n r) \, \mathrm{e}^{-\mathrm{j}\beta_n^\pm z}
\end{cases}
\tag{2.43}
$$

其中，β_n 为第 n 次空间谐波的轴向波数，横向波数 τ_n 满足 $(\beta_n^\pm)^2 - \tau_n^2 = k^2 = \omega^2 \mu_0 \varepsilon_0$。由于式(2.43)中 $\beta_n^\pm$ 本身有正有负，因此空间因子均为 $\mathrm{e}^{-\mathrm{j}\beta_n^\pm z}$ 的形式。对于基波，有：

$$
\beta_0^+ = -\beta_0^- = \beta_0
\tag{2.44}
$$

根据式(2.43)和式(2.44)得到：

$$
(\beta_{-1}^- + \beta_0^+) p = 2\pi
\tag{2.45}
$$

在只考虑 TM_{01} 模反向 -1 次谐波和前向基波的条件下，热腔中的场分布为

$$
\begin{cases}
\begin{aligned}
E_z(r,z,t) = \mathrm{Re}\big[&g_-(z,t)\tau_{-1}^2 A_{-1} I_0(\tau_{-1} r) \, \mathrm{e}^{-\mathrm{j}(\omega t - \beta_{-1}^- z)} + \\
&g_+(z,t)\tau_0^2 A_0 I_0(\tau_0 r) \, \mathrm{e}^{-\mathrm{j}(\omega t + \beta_0^+ z)} \big]
\end{aligned} \\
\begin{aligned}
E_r(r,z,t) = \mathrm{Re}\big[&g_-(z,t)\tau_{-1} A_{-1} I_1(\tau_{-1} r) \, \mathrm{e}^{-\mathrm{j}(\omega t - \beta_{-1}^- z)} + \\
&g_+(z,t)\tau_0 A_0 I_1(\tau_0 r) \, \mathrm{e}^{-\mathrm{j}(\omega t + \beta_0^+ z)} \big]
\end{aligned} \\
\begin{aligned}
B_\phi(r,z,t) = \mathrm{Re}\Big[&g_-(z,t)\frac{\omega}{c^2}\tau_{-1} A_{-1} I_1(\tau_{-1} r) \, \mathrm{e}^{-\mathrm{j}(\omega t - \beta_{-1}^- z)} + \\
&g_+(z,t)\frac{\omega}{c^2}\tau_0 A_0 I_1(\tau_0 r) \, \mathrm{e}^{-\mathrm{j}(\omega t + \beta_0^+ z)} \Big]
\end{aligned}
\end{cases}
\tag{2.46}
$$

2.3.2.3　场激励方程

在 Vlasov 研究的理论模型中，只有反向波的 -1 次空间谐波与束流同步，受到了有效的高频激励。由于速调型 RBWO 工作在近 π 模，由式(2.45)

可知前向基波的相速度同样接近束流速度,因此前向基波同样会受到束流激励。下面首先对前向基波场受到的高频激励进行研究,慢波结构中热腔电磁场 $E_+(r,z)\mathrm{e}^{\mathrm{j}\omega t}$ 和 $H_+(r,z)\mathrm{e}^{\mathrm{j}\omega t}$ 在电流密度 $\boldsymbol{J}(z,r,t)$ 的激励下,满足有源麦克斯韦方程:

$$
\begin{cases}
\nabla\times\left[g_+(z,t)\boldsymbol{E}_p(r)\mathrm{e}^{\mathrm{j}(\omega t-\beta_0^+ z)}\right]=-\mu_0\dfrac{\partial}{\partial t}\left[g_+(z,t)\boldsymbol{H}_p(r)\mathrm{e}^{\mathrm{j}(\omega t-\beta_0^+ z)}\right]\\[3mm]
\nabla\times\left[g_+(z,t)\boldsymbol{H}_p(r)\mathrm{e}^{\mathrm{j}(\omega t-\beta_0^+ z)}\right]=\varepsilon_0\dfrac{\partial}{\partial t}\left[g_+(z,t)\boldsymbol{E}_p(r)\mathrm{e}^{\mathrm{j}(\omega t-\beta_0^+ z)}\right]+\boldsymbol{J}(z,r,t)\\[3mm]
\dfrac{\partial g_+(z,t)}{\partial z}\hat{\boldsymbol{i}}_z\times\boldsymbol{E}_p(r)+g_+(z,t)\left[\nabla\times\boldsymbol{E}_p(r)-\mathrm{j}\beta_0^+\hat{\boldsymbol{i}}_z\times\boldsymbol{E}_p(r)\right]\\[3mm]
\quad=-\mu_0\boldsymbol{H}_p(r)\dfrac{\partial g_+(z,t)}{\partial t}-\mathrm{j}\omega\mu_0 g_+(z,t)\boldsymbol{H}_p(r)\\[3mm]
\dfrac{\partial g_+(z,t)}{\partial z}\hat{\boldsymbol{i}}_z\times\boldsymbol{H}_p(r)+g_+(z,t)\left[\nabla\times\boldsymbol{H}_p(r)-\mathrm{j}\beta_0^+\hat{\boldsymbol{i}}_z\times\boldsymbol{H}_p(r)\right]\\[3mm]
\quad=\varepsilon_0\boldsymbol{E}_p(r)\dfrac{\partial g_+(z,t)}{\partial t}+\mathrm{j}\omega\varepsilon_0 g_+(z,t)\boldsymbol{E}_p(r)+\boldsymbol{J}(z,r,t)\mathrm{e}^{-\mathrm{j}(\omega t-\beta_0^+ z)}
\end{cases}
$$
$$(2.47)$$

其中冷腔的正向波电磁场 $E_p(r,z)\mathrm{e}^{\mathrm{j}\omega t}$ 和 $H_p(r,z)\mathrm{e}^{\mathrm{j}\omega t}$ 满足:

$$
\begin{cases}
\nabla\times\left[\boldsymbol{E}_p(r)\mathrm{e}^{\mathrm{j}(\omega t-\beta_0^+ z)}\right]=-\mu_0\dfrac{\partial}{\partial t}\left[\boldsymbol{H}_p(r)\mathrm{e}^{\mathrm{j}(\omega t-\beta_0^+ z)}\right]\\[3mm]
\nabla\times\left[\boldsymbol{H}_p(r,\theta)\mathrm{e}^{\mathrm{j}(\omega t-\beta_0^+ z)}\right]=\varepsilon_0\dfrac{\partial}{\partial t}\left[\boldsymbol{E}_p(r)\mathrm{e}^{\mathrm{j}(\omega t-\beta_0^+ z)}\right]
\end{cases}\Rightarrow
$$
$$(2.48)$$

$$
\begin{cases}
\nabla\times\boldsymbol{E}_p(r)-\mathrm{j}\beta_0^+\hat{\boldsymbol{i}}_z\times\boldsymbol{E}_p(r)=-\mathrm{j}\omega\mu_0\boldsymbol{H}_p(r)\\[3mm]
\nabla\times\boldsymbol{H}_p(r)-\mathrm{j}\beta_0^+\hat{\boldsymbol{i}}_z\times\boldsymbol{H}_p(r)=\mathrm{j}\omega\varepsilon_0\boldsymbol{E}_p(r)
\end{cases}
$$

将式(2.48)代入(2.47)式得到:

$$
\begin{cases}
\dfrac{\partial g_+(z,t)}{\partial z}\hat{\boldsymbol{i}}_z\times\boldsymbol{E}_p(r)=-\mu_0\boldsymbol{H}_p(r)\dfrac{\partial g_+(z,t)}{\partial t}\\[3mm]
\dfrac{\partial g_+(z,t)}{\partial z}\hat{\boldsymbol{i}}_z\times\boldsymbol{H}_p(r)=\varepsilon_0\boldsymbol{E}_p(r)\dfrac{\partial g_+(z,t)}{\partial t}+\boldsymbol{J}(z,r,t)\mathrm{e}^{-\mathrm{j}(\omega t-\beta_0^+ z)}
\end{cases}
$$
$$(2.49)$$

分别对式(2.49)中上式两边右点乘 $\boldsymbol{H}_p^*(r)$,下式两边左点乘 $\boldsymbol{E}_p^*(r)$,将两式相减可得:

$$\hat{i}_z \cdot \left[E_p^*(r) \times H_p(r) + E_p(r) \times H_p^*(r) \right] \frac{\partial g_+(z,t)}{\partial z} +$$

$$\left[\mu_0 H_p(r) \cdot H_p^*(r) + \varepsilon_0 E_p^*(r) \cdot E_p(r) \right] \frac{\partial g_+(z,t)}{\partial t}$$

$$= -E_p^*(r) \cdot J(z,r,t) e^{-j\omega t} \tag{2.50}$$

将式(2.50)在慢波结构一个空间周期内作体积分,对于 TM_{01} 模式,电场只有 r 和 z 方向的分量,利用电流关系式 $J_r/J_z = v_r/v_z = p_r/p_z$,可以得到[34]:

$$\frac{\partial g_+(z,t)}{\partial z} \int_{\text{period}} \left\{ \iint_S \hat{i}_z \cdot \left[E_p^*(r) \times H_p(r) + E_p(r) \times H_p^*(r) \right] dS \right\} dz +$$

$$\frac{\partial g_+(z,t)}{\partial t} \iiint_{V_{\text{period}}} \left[\mu_0 H_p(r) \cdot H_p^*(r) + \varepsilon_0 E_p^*(r) \cdot E_p(r) \right] dV_{\text{period}}$$

$$= -\int_{\text{period}} \left[\iint_S J_z(z,r,t) E_{pz}^*(r) \left(1 + \frac{p_r(z,r)}{p_z(z,r)} \frac{E_{pr}^*(r)}{E_{pz}^*(r)} \right) e^{-j(\omega t - \beta_0^+ z)} dS \right] dz \tag{2.51}$$

令变量 $F_+(z,r) = 1 + \dfrac{p_r(z,r)}{p_z(z,r)} \dfrac{E_{pr}^*(r)}{E_{pz}^*(r)}$ 表示电子径向运动和慢波结构电场对束流密度的影响;利用电流密度的定义 $J_z(z,r) = \sum\limits_j \dfrac{q v_{zj}(z,r)}{2\pi r_0} \delta(r - r_j) \delta(z - z_j)$,对以连续分布的相位进入慢波结构的束团取均值,可将式(2.51)右边项化简为

$$-\int_{\text{period}} \left[\iint_S J_z(z,r,t) E_{pz}^*(r) F_+(z,r) e^{-j(\omega t - \beta_0^+ z)} dS \right] dz$$

$$= -\sum_i E_{pz}^*(r_b, z_i) q F_+(z,r) v_{z_i} e^{-j(\omega t - \beta_0^+ z)}$$

$$= -\bar{E}_{pz}^*(r_b) \bar{F}_+(z,r_b) \langle e^{-j\phi_+} \rangle \sum_i q v_{z_i}$$

$$= -\bar{E}_{pz}^*(r_b) \bar{F}_+(z,r_b) \langle e^{-j\phi_+} \rangle \int_{\text{period}} \left[\iint_S \left(q v_{z_j} \frac{\delta(z - z_j) \delta(r - r_b)}{2\pi r_b} \right) dS \right] dz$$

$$= -\bar{E}_{pz}^*(r_b) \bar{F}_+(z,r_b) \langle e^{-j\phi_+} \rangle I_z d \tag{2.52}$$

其中,$\langle e^{-j\phi_+} \rangle = \dfrac{1}{2\pi} \int_0^{2\pi} e^{-j\omega t \phi_+} d\varphi_0$,假设冷慢波结构中前向波的群速度

和耦合阻抗[67]分别为

$$
\left\{
\begin{aligned}
u_{g+} &= \frac{\displaystyle\int_{\text{period}}\left\{\iint_{S}\hat{\boldsymbol{i}}_{z}\cdot\left[\boldsymbol{E}_{p}^{*}(r)\times\boldsymbol{H}_{p}(r)+\boldsymbol{E}_{p}(r)\times\boldsymbol{H}_{p}^{*}(r)\right]\mathrm{d}S\right\}\mathrm{d}z}{\displaystyle\iiint_{V_{\text{period}}}\left[\mu_{0}\boldsymbol{H}_{p}(r)\cdot\boldsymbol{H}_{p}^{*}(r)+\varepsilon_{0}\boldsymbol{E}_{p}^{*}(r)\cdot\boldsymbol{E}_{p}(r)\right]\mathrm{d}V_{\text{period}}} \\[2mm]
R_{c,0}(r_{b}) &= \frac{E_{pz,0}(r_{b})E_{pz,0}^{*}(r_{b})}{\dfrac{(\beta_{0}^{+})^{2}}{2p}\displaystyle\int_{\text{period}}\left\{\iint_{S}\hat{\boldsymbol{i}}_{z}\cdot\left[\boldsymbol{E}_{p}^{*}(r)\times\boldsymbol{H}_{p}(r)+\boldsymbol{E}_{p}(r)\times\boldsymbol{H}_{p}^{*}(r)\right]\mathrm{d}S\right\}\mathrm{d}z}
\end{aligned}
\right.
$$

$$(2.53)$$

将式（2.52）和式（2.53）代入式（2.51），并利用关系 $E_{+z}=g_{+}(z,t)E_{pz}(r_{b})$ 得到：

$$
\frac{\partial E_{+z}(r_{b},z,t)}{\partial z}+\frac{1}{u_{g+}}\frac{\partial E_{+z}(r_{b},z,t)}{\partial t}
$$

$$
=-I_{0}\frac{R_{c,0}(r_{b})\overline{F}_{+}(z,r_{b})(\beta_{0})^{2}}{2}\langle e^{-j\phi_{+}(z,t)}\rangle \tag{2.54}
$$

对于式(2.54)应有 $I_{0}<0$。

在稳态情况下，$\partial E_{+z}(r_{b},z,t)/\partial t=0$，前向波的激励方程为

$$
\frac{\partial E_{+z}(r_{b},z)}{\partial z}=-I_{0}\frac{R_{c,0}(r_{b})\overline{F}_{+}(z,r_{b})(\beta_{0})^{2}}{2}\langle e^{-j\phi_{+}}\rangle \tag{2.55}
$$

类似地，可以得到反向波的激励方程：

$$
\left\{
\begin{aligned}
u_{g-} &= \frac{\displaystyle\int_{p}\left\{\iint_{S}\left[\boldsymbol{E}_{p}(r)\times\boldsymbol{H}_{p,-1}^{*}(r)+\boldsymbol{E}_{p}^{*}(r)\times\boldsymbol{H}_{p}(r)\right]\cdot\mathrm{d}S\right\}\mathrm{d}z}{\displaystyle\iiint_{V_{p}}\left[\mu_{0}\boldsymbol{H}_{p}(r)\cdot\boldsymbol{H}_{p}^{*}(r)+\varepsilon_{0}\boldsymbol{E}_{p}^{*}(r)\cdot\boldsymbol{E}_{p}(r)\right]\mathrm{d}V_{p}} \\[2mm]
R_{c,-1} &= \frac{E_{pz,-1}(r_{b})E_{pz,-1}^{*}(r_{b})}{\dfrac{(\beta_{-1}^{-})^{2}}{2p}\displaystyle\int_{p}\left\{\iint_{S}\left[\boldsymbol{E}_{p}^{*}(r)\times\boldsymbol{H}_{p}(r)+\boldsymbol{E}_{p}(r)\times\boldsymbol{H}_{p}^{*}(r)\right]\cdot\mathrm{d}S\right\}\mathrm{d}z} \\[2mm]
&\frac{\partial E_{-z}(r_{b},z,t)}{\partial z}+\frac{1}{u_{g-}}\frac{\partial E_{-z}(r_{b},z,t)}{\partial t}=-I_{0}\frac{R_{c,-1}(\beta_{-1}^{+})^{2}}{2}\langle e^{-j\phi_{-}(z,t)}\rangle
\end{aligned}
\right.
$$

$$(2.56)$$

其中，$E_{-z}=g_{-}(z,t)E_{pz}(r_{b})$。

在稳态情况下，$\partial E_{-z}(r_b,z,t)/\partial t=0$，反向波的激励方程为

$$\frac{\partial E_{-z}(r_b,z)}{\partial z}=-I_0\frac{R_{c,-1}\overline{F}_-(z,r_b)(\beta_{-1}^+)^2}{2}\langle e^{-j\phi_-}\rangle \quad (2.57)$$

2.3.2.4　电子束运动方程

在柱坐标系下，对于静止质量为 m_0，电荷量为 q 的电子，利用洛伦兹公式可以得到在慢波结构中 TM 模式电磁场和外加直流磁场 B_0 作用下的运动方程[68]：

$$\begin{cases}\dfrac{\mathrm{d}p_r}{\mathrm{d}t}-\dfrac{\gamma m_0 v_\varphi^2}{r}=q(E_r+v_\varphi B_0-v_z B_\varphi)\\[2mm]\dfrac{1}{r}\dfrac{\mathrm{d}}{\mathrm{d}t}(\gamma m_0 r v_\varphi)=-qv_r B_0\\[2mm]\dfrac{\mathrm{d}p_z}{\mathrm{d}t}=q(E_z+v_r B_\varphi)\\[2mm]\gamma=\dfrac{1}{\sqrt{1-\dfrac{v_r^2+v_\varphi^2+v_z^2}{c^2}}}\end{cases}\quad (2.58)$$

其中，v_r、v_φ、v_z 和 p_r、p_φ、p_z 分别为电子的径向、角向、轴向速度和动量，且满足 $v_r=p_r/\gamma m_0$、$v_\varphi=r\dot\varphi$、$v_z=p_z/\gamma m_0$、$v_r=\dot r$。那么式（2.58）可化为

$$\begin{cases}\dfrac{\mathrm{d}p_r}{\mathrm{d}t}=q\left(E_r+r\dot\varphi B_0-\dfrac{p_z}{\gamma m_0}B_\varphi\right)+\gamma m_0 r\dot\varphi^2\\[2mm]\dfrac{1}{r}\dfrac{\mathrm{d}}{\mathrm{d}t}(\gamma m_0 r^2\dot\varphi)=-qB_0\dfrac{\mathrm{d}r}{\mathrm{d}t}\\[2mm]\dfrac{\mathrm{d}p_z}{\mathrm{d}t}=q\left(E_z+\dfrac{p_r}{\gamma m_0}B_\varphi\right)\\[2mm]\gamma=\sqrt{1+\dfrac{1}{m_0^2 c^2}[p_r^2+(\gamma m_0\dot\varphi)^2+p_z^2]}\end{cases}\quad (2.59)$$

由式（2.59）可得到守恒的角动量：

$$P_\varphi=\left(\gamma m_0\dot\varphi+\frac{qB_0}{2}\right)r^2=\text{const}\quad (2.60)$$

假定在慢波结构入口处，入射电子束为初始半径为 r_0 的环形薄束，其

初速度角向分量 $\dot{\varphi}_0 = 0$,那么则有:

$$\dot{\varphi} = \frac{qB_0}{2\gamma m_0} \frac{r_0^2 - r^2}{r^2} \qquad (2.61)$$

将式(2.61)代入式(2.59),可消去式中的 $\dot{\varphi}$ 项,进而得到相对论电子束运动方程组:

$$\begin{cases} \dfrac{\mathrm{d}p_r}{\mathrm{d}t} = q\left(E_r - \dfrac{p_z}{\gamma m_0} B_\varphi\right) + \dfrac{q^2 B_0^2}{4\gamma m_0} \dfrac{r_0^4 - r^4}{r^3} \\[3mm] \dfrac{\mathrm{d}p_z}{\mathrm{d}t} = q\left(E_z + \dfrac{p_r}{\gamma m_0} B_\varphi\right) \\[3mm] \gamma = \sqrt{1 + \dfrac{1}{m_0^2 c^2}\left[p_r^2 + \dfrac{q^2 B_0^2}{4r^2}(r_0^2 - r^2)^2 + p_z^2\right]} \end{cases} \qquad (2.62)$$

利用关系 $\mathrm{d}z/\mathrm{d}t = v_z$ 和 $\mathrm{d}r/\mathrm{d}z = v_r/v_z$,将电子束运动方程组对时间的微分转化为对轴向坐标 z 的微分,可以得到相对论电子束运动的微分方程组:

$$\begin{cases} \dfrac{\mathrm{d}p_r}{\mathrm{d}z} = q\left(\dfrac{\gamma m_0}{p_z} E_r - B_\varphi\right) + \dfrac{q^2 B_0^2}{4p_z} \dfrac{r_0^4 - r^4}{r^3} \\[3mm] \dfrac{\mathrm{d}p_z}{\mathrm{d}z} = q\left(\dfrac{\gamma m_0}{p_z} E_z + \dfrac{p_r}{p_z} B_\varphi\right) \\[3mm] \gamma = \sqrt{1 + \dfrac{1}{m_0^2 c^2}\left[p_r^2 + \dfrac{q^2 B_0^2}{4r^2}(r_0^2 - r^2)^2 + p_z^2\right]} \end{cases} \qquad (2.63)$$

电子相对于前向波与反向波的相位:

$$\begin{cases} \phi_+ (z,t) = \omega t - \beta_0^+ z + \varphi_{0+} \\[2mm] \phi_- (z,t) = \omega t - \beta_{-1}^- z + \varphi_{0-} \end{cases} \qquad (2.64)$$

其中,φ_{0+}、φ_{0-} 分别表示电子在初始时刻、初始位置处的初始相位。在稳态情况下,有电子的相位方程:

$$\begin{cases} \dfrac{\partial \phi_+}{\partial z} = \dfrac{\omega}{v_z} - \beta_0^+ \\[3mm] \dfrac{\partial \phi_-}{\partial z} = \dfrac{\omega}{v_z} - \beta_{-1}^- \end{cases} \qquad (2.65)$$

电子在慢波结构中的运动和群聚,还会受到空间电荷场的作用,根据参考文献[69]中的描述,电子注中轴向空间电荷场的一阶项为

$$\bar{E}_{zp}^{(1)} = -\mathrm{j}\,\frac{j_0}{\omega\varepsilon_0}\,\frac{(k^2-k)c^2}{\omega_b^2}\,\frac{\pi I_0}{\beta_0\gamma_0 I_A}\cdot$$

$$J_0(pr_b)N_0(pr_b)\left[1-\frac{J_0(pr_b)N_0(pr_0)}{J_0(pr_0)N_0(pr_b)}\right]\langle\mathrm{e}^{-\mathrm{j}\phi_-}\rangle \qquad (2.66)$$

其中,j_0 为直流束流密度,$I_A=4\pi\varepsilon_0 m_0 c^3/q$ 为与束流有关的常数,电子等离子体频率为 $\omega_b=(n_b q^2/\gamma_0 m_0\varepsilon_0)^{1/2}$,$n_b$ 为电子束流密度。

考虑 RBWO 实际工作时反向波被反射,同时引入轴向的空间电荷场,得到热腔中与电子互作用的场分布为

$$
\begin{cases}
E_z(r,z,t)=\mathrm{Re}\big[g_-(z,t)\tau_{-1}^2 A_{-1}I_0(\tau_{-1}r)\,\mathrm{e}^{-\mathrm{j}(\omega t-\beta_{-1}^- z)}+\\
\qquad\qquad g_+(z,t)\tau_0^2 A_0 I_0(\tau_0 r)\,\mathrm{e}^{-\mathrm{j}(\omega t-\beta_0^+ z)}+\bar{E}_{zp}^{(1)}\big]\\
E_r(r,z,t)=\mathrm{Re}\big[g_-(z,t)\tau_{-1}A_{-1}I_1(\tau_{-1}r)\,\mathrm{e}^{-\mathrm{j}(\omega t-\beta_{-1}^- z)}+\\
\qquad\qquad g_+(z,t)\tau_0 A_0 I_1(\tau_0 r)\,\mathrm{e}^{-\mathrm{j}(\omega t-\beta_0^+ z)}\big]\\
B_\varphi(r,z,t)=\mathrm{Re}\big[g_-(z,t)\frac{\omega}{c^2}\tau_{-1}A_{-1}I_1(\tau_{-1}r)\,\mathrm{e}^{-\mathrm{j}(\omega t-\beta_{-1}^- z)}+\\
\qquad\qquad g_+(z,t)\frac{\omega}{c^2}\tau_0 A_0 I_1(\tau_0 r)\,\mathrm{e}^{-\mathrm{j}(\omega t-\beta_0^+ z)}\big]
\end{cases}
$$
$$(2.67)$$

2.3.2.5　边界条件与初始条件

将前文中得到的场激励方程(2.55)、方程(2.57)与电子束运动方程(2.63)、相位方程(2.65)联立,代入热腔中的高频场分布方程(2.67),就得到了近 π 模 RBWO 在稳态工作时描述其束波互作用过程的三维非线性方程组。

要对方程进行数值求解,同时还需要给出方程满足的边界条件。慢波结构起始端($z=0$)反射系数为 $\rho_0\mathrm{e}^{\mathrm{j}\theta_0}$,末端($z=L$)反射系数为 $\rho_L\mathrm{e}^{\mathrm{j}\theta_L}$,慢波结构两端场分布满足:

$$
\begin{cases}
\dfrac{E_{+z}}{E_{-z}}=\rho_0\mathrm{e}^{\mathrm{j}\theta_0}, & z=0\\[3mm]
\dfrac{E_{-z}\,\mathrm{e}^{-\mathrm{j}\beta_{-1}^- L}}{E_{+z}\,\mathrm{e}^{-\mathrm{j}\beta_0^+ L}}=\rho_L\mathrm{e}^{\mathrm{j}\theta_L}, & z=L
\end{cases}
$$
$$(2.68)$$

电子在慢波结构左侧入射时初始速度、初始位移已知,初始相位(当

$z=0$ 时)满足：

$$\begin{cases} \gamma = \gamma_0 \\ v_r = v_{r0} \\ v_\varphi = 0 \\ r = r_0 \\ \varphi = 0 \\ \phi_+ = \varphi_{0+} \in [0, 2\pi) \\ \phi_- = \varphi_{0-} = \varphi_{0+} + \varphi_{s0} \in [\varphi_{s0}, \varphi_{s0} + 2\pi) \end{cases} \quad (2.69)$$

对非线性方程组进行数值求解,通过电子能量变化可以得到束波互作用效率(当 $z=L$ 时)：

$$\eta = \frac{1}{2\pi} \int_0^{2\pi} \frac{\gamma_0 - \gamma}{\gamma_0 - 1} d\varphi_0 \quad (2.70)$$

2.3.2.6　谐振反射器与提取腔的处理

前文对慢波结构中的束波互作用过程进行了分析和推导,现在此基础上分别引入谐振反射器和提取腔结构对三维非线性理论的影响。

电子束在经过谐振反射器时受到预调制作用,在经过短暂漂移后,进入慢波结构左侧的电流 I_{0s} 同时包含直流分量与高频分量。根据速调管小信号调制理论[70],如果只考虑群聚电子束的一次谐波分量 M_1,进入慢波结构左侧的电流为

$$I_{0s} = I_0(1 + M_1 \cos\psi_{e1}) \quad (2.71)$$

其中 ψ_{e1} 为一次谐波的相位。

电子经过漂移进入慢波结构中时,其轴向动量受到了深度为 α 的速度调制,可近似表示为

$$p_{z0s} \approx p_{z0}\left(1 + \frac{\alpha}{2}\cos\psi_{e2}\right) \quad (2.72)$$

其中 ψ_{e2} 为能量调制的相位。

提取腔结构的引入相当于在慢波结构末端产生了结构突变,耦合阻抗和轴向波数也产生了相应突变[71]。本书在数值计算中,通过对提取腔的阻抗 R_{ce} 和轴向波数 k_{ze} 这两个关键参数的变化来表征提取腔结构对束波互作用效率的影响。

2.3.3　理论计算结果与分析

本书通过 MATLAB R2014a 软件编写了数值计算程序,对非线性束波互作用方程组进行了数值求解。在计算中,当二极管电压、电流分别为 $U_0 =$ 820 kV、$I_0 = 15.5$ kA 时,有电子束压为 $U_b = 600$ kV,对应初始能量因子 $\gamma_0 = 2.17$,电子初始半径 $r_0 = 43$ mm。对应 PIC 模拟中的结果,当外加引导磁场 $B_0 = 2.3$ T 时,进入慢波结构中电子的初始径向速度为 $v_{r0} =$ 0.57×10^7 m/s;当引导磁场降低到 $B_0 = 0.32$ T 时,电子初始径向速度 $v_{r0} =$ 4.36×10^7 m/s。RBWO 工作频率 $f = 4.35$ GHz,慢波结构平均半径 $r_{av} =$ 52 mm,轴向周期长度 $p = 32$ mm。慢波结构中前向波基波导波常数 $\beta_0^+ =$ 93.27 cm^{-1},耦合阻抗 $R_{c,0}(r_0) = 3.1$ Ω,反向波 −1 次谐波导波常数 $\beta_{-1}^- = 103.08$ cm^{-1},耦合阻抗 $R_{c,-1}(r_0) = -1.8$ Ω,对应在提取腔中导波常数 $\beta_e = 111$ cm^{-1},耦合阻抗 $R_{ze}(r_0) = 10$ Ω。慢波结构起始端反射系数幅度 $\rho_0 = 0.8$,反射相位 $\theta_0 = \pi/3$,慢波结构末端反射系数为 $\rho_L = 0.8$,反射相位 $\theta_L = 2\pi/3$。

2.3.3.1　低磁场计算结果

当外加引导磁场 $B_0 = 0.32$ T 时,在不考虑电子束预调制的情况下(即群聚束一次谐波 $M_1 = 0$,电子速度调制 $\alpha = 0$),经过参数调试,得到了典型的数值计算结果,如图 2.35 所示。由图 2.35(a)和(b)可知,在束波互作用区域的后段,电子相对于前向波、反向波均实现了一定程度上的相位会聚。根据图 2.35(c)中电子的径向运动轨迹,初始径向速度为 $v_{r0} = 4.36 \times$ 10^7 m/s 的电子在 0.32 T 引导磁场下束流的初始径向展宽为 4 mm,并且随着场强的增强电子的径向展宽进一步变宽;同时由图 2.35(d)、(e)可知电子径向速度也在漂移过程中逐渐增大,其中电子的横向速度增长与束流包络幅度的增长在空间上紧密伴随,而电子径向速度的增长主要受到强电场的影响,位于互作用区末端;根据图 2.35(f)中电子相对论因子的变化,多数电子在互作用区后段得到了减速,由电子能量的变化计算可得此时互作用效率为 26.8%。

同样在 0.32 T 磁场引导下,对电子束受到预调制的情况进行了计算。当基频电流幅度 $M_1 = 0.035$,电压调制深度 $\alpha = 0.035$ 时,得到计算结果如图 2.36 所示。此时束波互作用效率为 32.9%,较不考虑调制时提升了

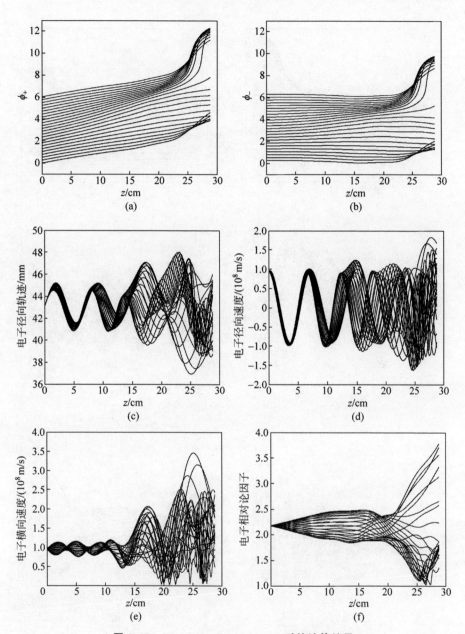

图 2.35　$B_0 = 0.32\,\mathrm{T}, M_1 = \alpha = 0$ 时的计算结果

（a）电子相对于前向波的相位变化；（b）电子相对于反向波的相位变化；（c）电子径向运动轨迹
变化；（d）电子径向速度的变化；（e）电子横向速度的变化；（f）电子相对论因子的变化

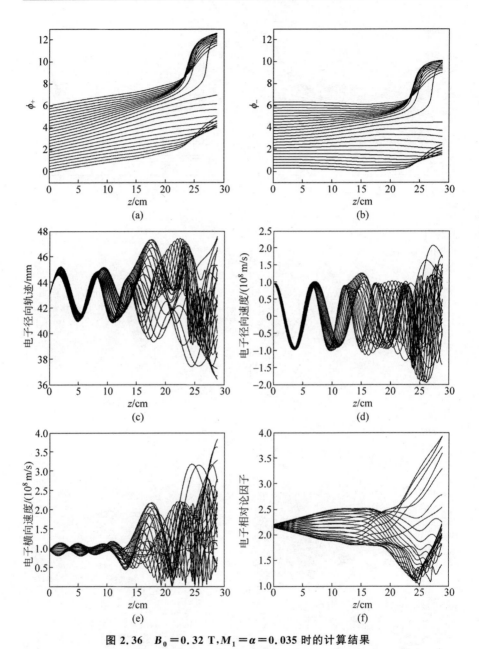

图 2.36　$B_0 = 0.32\ \text{T}, M_1 = \alpha = 0.035$ 时的计算结果

（a）电子相对于前向波的相位变化；（b）电子相对于反向波的相位变化；（c）电子径向运动轨迹变化；（d）电子径向速度的变化；（e）电子横向速度的变化；（f）电子相对论因子的变化

6.1%。根据图 2.36(a)和(b)中的相位变化可知,由于电子受到了预调制,束流在空间上群聚的位置提前了约 2 cm,互作用区内的电场幅度得到了加强,因此在互作用区电子的横向速度获得了更大幅度的增长,要高于图 2.35(e)中不存在预调制的情况。在实际 RBWO 工作时,如果调制幅度过深,可能会导致在互作用区束流横向速度大幅度增长,不利于低磁场 RBWO 的高效工作。

2.3.3.2　强磁场计算结果

为了与低磁场的工作情况进行对比,书中对强磁场下的工作情况进行了计算。当外加引导磁场 $B_0 = 2.3$ T 时,不考虑电子束受到的预调制(即 $M_1 = \alpha = 0$ 的情况),得到计算结果如图 2.37 所示,束波互作用效率为 35.9%。在 2.3 T 引导磁场下,初始径向速度 $v_{r0} = 0.57 \times 10^7$ m/s 的电子束初

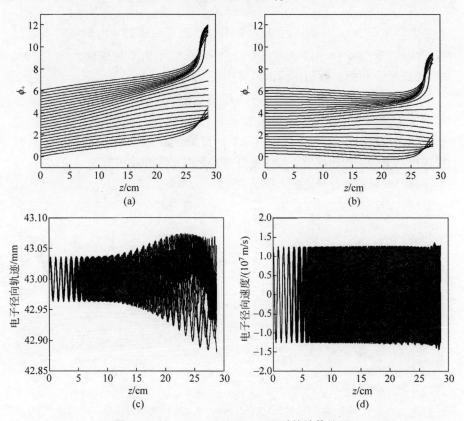

(a)　　　　　　　　　　　　　(b)

(c)　　　　　　　　　　　　　(d)

图 2.37　$B_0 = 2.3$ T, $M_1 = \alpha = 0$ 时的计算结果

(a) 电子相对于前向波的相位变化;(b) 电子相对于反向波的相位变化;(c) 电子径向运动轨迹变化;(d) 电子径向速度的变化;(e) 电子横向速度的变化;(f) 电子相对论因子的变化

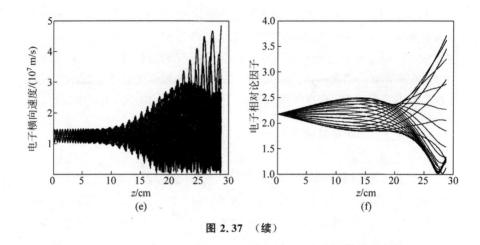

图 2.37 （续）

始径向展宽仅为 0.07 mm,并且在整个互作用区束流的径向展宽都不超过 0.2 mm。根据式(2.67)中的热腔场分布,在电子束平均半径 $r_0 = 43$ mm 上,束流所受到的射频场作用的差异小于 1%。

类似地,对在强磁场引导下存在预调制的情况进行了计算。当基频电流幅度 $M_1 = 0.035$,电压调制深度 $\alpha = 0.035$ 时,得到计算结果如图 2.38 所示。在预调制作用下,束流在空间上群聚的位置同样提前了约 2 cm,互作用区内电子的横向速度增长幅度也更高。此时束波互作用效率为 38.8%,与不存在预调制的情况相比提升了 2.9%。

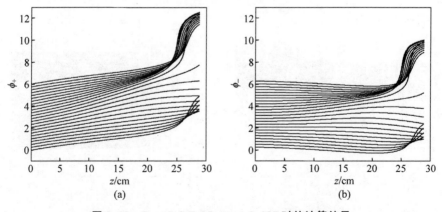

图 2.38 $B_0 = 2.3$ T, $M_1 = \alpha = 0.035$ 时的计算结果

(a) 电子相对于前向波的相位变化;(b) 电子相对于反向波的相位变化;(c) 电子径向运动轨迹变化;(d) 电子径向速度的变化;(e) 电子横向速度的变化;(f) 电子相对论因子的变化

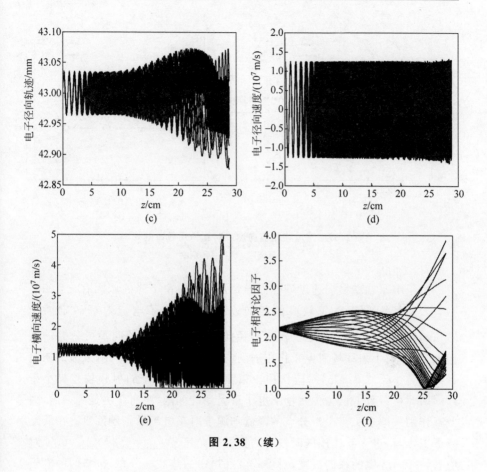

图 2.38　（续）

2.3.3.3　束流初始速度对效率的影响

进一步地，分别对强引导磁场和低引导磁场下束流横向速度对束波互作用效率的影响进行了研究，计算结果如图 2.39 所示。在本节的数值计算中，由于式（2.61）中存在电子初始角速度为 0 的设定，因此在束波互作用区前段电子的横向速度与径向速度是近似相等的。对于无预调制的情况，引导磁场为 2.3 T 时，当电子初始横向速度 v_{T0} 由 0.57×10^7 m/s 升高至 4.36×10^7 m/s 时，束波互作用效率由 35.9% 降低至 34.5%，约降低了 1.4%。当引导磁场为 0.32 T 时，当电子初始横向速度 v_{T0} 由 0.57×10^7 m/s 升高至 4.36×10^7 m/s 时，束波互作用效率由 32.0% 降低至 26.8%，约降低了 5.2%。

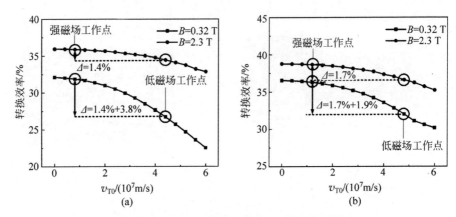

图 2.39　束流初始横向速度对互作用效率的影响

(a) 无预调制；(b) 有预调制

由于电子初始横向速度增长而导致互作用效率下降的原因有二：一是在有限磁场引导下电子较高的径向速度 v_r 造成了电流对场激励因子 $\overline{F}_{\pm}(z,r_b)$ 的降低；二是电子较高的径向速度伴随着沿径向不可忽略的横向展宽，导致了射频场对电子作用的削弱。在强磁场下工作时，束流的初始径向展宽小于 0.2 mm，对应作用于束流包络两侧电子的射频场差异小于 1%，因此可以近似认为强磁场下电子束受到的调制、减速作用是均一的，因此互作用效率上 1.4 个百分点的降低均源于射频电流激励的降低；在低磁场下工作时，进入互作用区时较高的初始横向速度 $v_{T0}=4.36\times10^7$ m/s 对应有约 4 mm 宽的径向展宽，对应式(2.67)中的热腔场分布，包络两侧电子所受到的射频场作用差异超过 10%，不再可以忽略。因此低磁场工作中互作用效率的降低，有 1.4 个百分点源于射频电流激励的降低，另外 3.8 个百分点的下降源于射频场对电子作用的削弱。

类似地，在考虑束流初始预调制时，在 2.3 T 磁场引导下，当电子初始横向速度 v_{T0} 由 0.57×10^7 m/s 升高至 4.36×10^7 m/s 时，束波互作用效率由 38.8% 降低至 37.1%，约降低了 1.7%；在 0.32 T 引导磁场下，当电子初始横向速度 v_{T0} 由 0.57×10^7 m/s 升高至 4.36×10^7 m/s 时，束波互作用效率由 36.5% 降低至 32.9%，约降低了 3.6%。束流的预调制不仅促进了束流的群聚，也使得低磁场下的束流能量提取效率更加接近强磁场下的结果。

综合本节对束波互作用的三维非线性理论研究，发现对于低磁场工作的 RBWO,较高的电子初始横向速度不仅会导致激励电流的降低,同时由于自身伴随的径向展宽造成了场对电子减速的削弱,因此在模拟中出现了 5.2 个百分点的显著效率下降。因此,在低磁场工作的 RBWO 中,对径向速度较大的束流在径向进行减速(即对电子横向振荡包络的幅度进行抑制),有望实现束波互作用效率的有效提升。

2.3.4　束流振荡包络的抑制

2.3.1 节中的理论研究表明,位于二极管阳极管头附近的局部径向电场会对电子束的径向振荡产生扰动,由式(2.37)可知,当引导磁场与束流初始运动状态固定时,该扰动效果取决于电子进入和离开该电场区域时的振荡相位(φ_{in}、φ_{out})与该区域内径向电场的幅度 E_{r0}。

在无箔二极管工作中,通过调节阴阳极间距 L_{ak} 可实现对电子束经过管头时的振荡相位的调节,通过改变管头斜面宽度 L_{th} 可调节管头倾角,进而实现对局部电场幅度的调节。对于图 2.28 中所示的二极管结构,在固定参数 r_c、r_a 和 r_{tube} 时,取 $L_{ak}=30$ mm,得到不同半径处管头拐角位置 $Z=180$ mm 上的电场变化如图 2.40 所示。在二极管中,电子的横向振荡包络介于半径 $r=39$ mm 至 $r=48$ mm 之间,综合考虑图 2.40 中的模拟结果,认为当斜面宽度 $L_{th}=0$,即管头倾角 $\theta_{th}=0$ 时局部径向电场有最大幅度 E_{r0},因此矩形的管头结构要优于斜面管头结构。

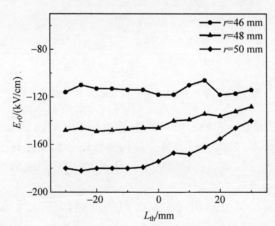

图 2.40　局部径向电场峰值随斜面宽度 L_{th} 的变化

在此基础上本书提出了一种新型管头结构,如图 2.41 所示,即在阳极上引入矩形腔结构。研究结果表明,该结构可以进一步提高管头局部的径向电场。分别取阳极腔漂移段半径 $r_{th}=70$ mm、阳极腔漂移段长度 $W_{th}=$ 22 mm、阳极腔半径 $r_{ac}=75$ mm 与阳极腔宽度 $W_{ac}=18$ mm,固定阴阳极间距 $L_{ak}=20$ mm,得到半径 $r=46$ mm 位置处的电场分布如图 2.42 所示。可以发现,通过引入阳极腔结构,在管头拐角位置 $Z=170$ mm 处,局部径向电场幅度由 -149 kV/cm 变为 -162 kV/cm,同时局部场增强的范围变得更宽。

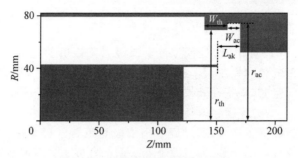

图 2.41　带阳极腔的新型管头结构

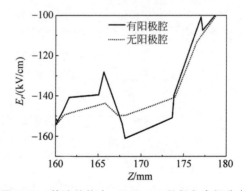

图 2.42　管头结构内 $r=46$ mm 处径向电场分布

　　图 2.43 给出了分别采用新型管头结构与传统斜面管头时二极管区域内的径向电场分布,显然在新型管头结构附近电场幅度得到了增强,其中腔体结构的意义在于改变阳极局部的电位分布,削弱局部的轴向电场,进而拓宽局部径向电场增强的区域。

　　为了验证新型管头结构对束流振幅的抑制作用,进行了 PIC 模拟研究,得到二极管中束流的实空间分布如图 2.44 所示、径向相空间分布如图 2.45 所示。根据模拟结果,束流包络的径向展宽由 7.80 mm 降低为 6.66 mm,同时管体内被收集前的电子径向速度 γv_r 的平均幅度由 2.54×10^7 m/s 降低为 2.43×10^7 m/s。

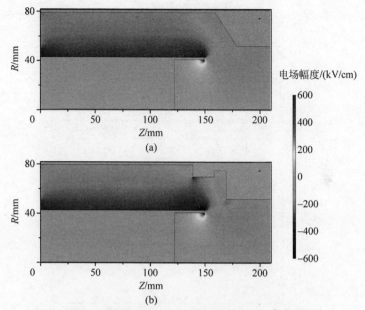

图 2.43　不同管头结构内的径向电场分布（前附彩图）

（a）传统斜面管头；（b）带阳极腔的矩形管头

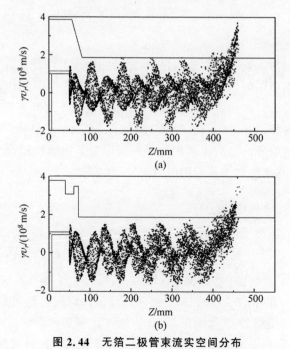

图 2.44　无箔二极管束流实空间分布

（a）传统斜面管头；（b）带阳极腔的矩形管头

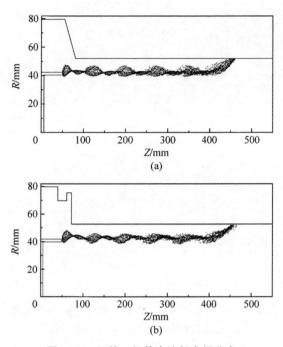

图 2.45　无箔二极管束流相空间分布
（a）传统斜面管头；（b）带阳极腔的矩形管头

　　管体内包络展宽的抑制是明显的,而径向速度的降低却并不明显,这是由于由阴极端面两侧发射出的电子近似处于相反的振荡相位,其中阴极外侧的电子主要受到径向减速作用,而阴极内侧的电子受到了径向加速作用,因此平均速度变化并不明显。但是观察图 2.45 中电子的相空间分布可知,阴极外侧发射电子的径向速度在管头附近得到了明显抑制,与使用传统管头结构相比,其速度更加接近阴极内侧发射电子。

2.3.5　群聚增强型 RBWO

　　将带阳极腔的新型管头结构引入速调型 RBWO 中,结合对束流相位的控制,就得到了如图 2.46 所示的一种群聚增强型 RBWO。为供比较,图 2.47 给出了传统速调型 RBWO 结构,其结构参数与图 2.14 中的速调型 RBWO 基本一致,仅在引导磁场位型和传输波导结构上存在差异。

　　图 2.46 中给出了群聚增强型 RBWO 工作时束流的实空间分布,可以发现,在引入新型管头结构后,束流包络的幅度在离开二极管加速区后获得

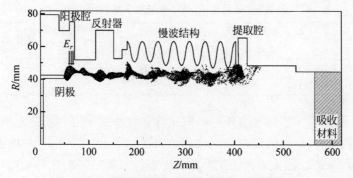

图 2.46　群聚增强型 RBWO 的结构与束流分布

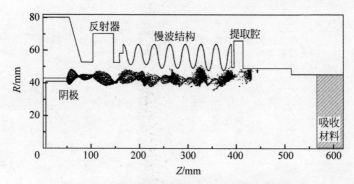

图 2.47　传统速调型 RBWO 的结构与束流分布

了明显的降低,并且在反射器、前 3 个慢波结构中传输时的束流振幅要明显低于图 2.47 中的束流分布。书中对管体内的电子横向速度进行了统计,如表 2.6 所示,观测到在第 3 个慢波结构前($Z < 250$ mm),群聚增强型 RBWO 中的电子横向速度为 $\gamma v_T = 0.95 \times 10^8$ m/s,明显低于传统速调型 RBWO 中的结果。对管体内所有电子进行观测,两个器件中电子的横向速度分别为 $\gamma v_T = 0.97 \times 10^8$ m/s 和 1.22×10^8 m/s,仍能充分体现新型管头对 RBWO 中束流横向振荡的抑制作用。

器件的二极管电压为 850 kV,二极管电流为 14.7 kA,电子束的束压近似为 630 kV,相对论因子 $\gamma = 2.23$,相应有两个器件内电子的平均横向速度 v_T 分别为 4.0×10^7 m/s 和 5.4×10^8 m/s。对应于图 2.39 中三维非线性理论的计算结果,当平均横向速度 v_T 从 5.4×10^8 m/s 降低至 4.0×10^7 m/s 时,在无预调制情况下束波转换效率可以提升 3.3%,在有预调制情况下转换效率可以提升 2.4%。

表 2.6 速调型 RBWO 中的电子束横向速度

RBWO 类型	观测区域为 $Z < 250$ mm 时 电子横向速度/(10^8 m/s)	所有电子横向 速度/(10^8 m/s)	输出功率/GW
传统速调型 RBWO	1.16	1.22	3.70
群聚增强型 RBWO	0.95	0.97	4.30

图 2.48 给出了两个器件工作饱和后基波电流 I_1 的分布,在引入新型管头结构后,提取腔内的基波电流峰值由 15 kA 提升至 20 kA 以上,获得了更强的群聚效果,此器件正是因此而被称作"群聚增强型 RBWO"。图 2.49 给出了两个器件的输出功率随时间的变化,群聚增强型 RBWO 的输出功率从传统型的 3.7 GW 提升至 4.3 GW,转换效率也由 30% 提升至 34%。

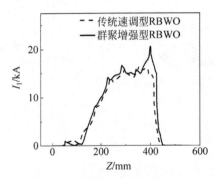

图 2.48 器件内部基波电流分布

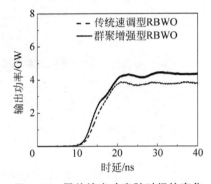

图 2.49 器件输出功率随时间的变化

2.4 小 结

强流相对论电子束是 RBWO 产生 HPM 辐射的内在驱动,作为"束-波"相互作用过程中能量转化的"来源"所在,它的物理特征对 RBWO 的高效工作至关重要。本章着眼于低磁场 RBWO 中的强相对论电子束包络,基于对束流的横向振荡特征的研究,结合结构设计,通过对束流振荡中物理参数的调控,提升了低磁场速调型 RBWO 的工作效率。

本章首先理论推导了低磁场漂移管中束流包络的传输特性。在已知周期性束流包络伴随着电子束流密度的非均匀分布情况下,通过 PIC 模拟和强流电子束轰击目击靶的方式对束流包络的周期性和束流密度的非均匀分布进行了验证,实验中振荡周期与理论、模拟结果吻合较好。

　　本章随后对低磁场漂移管中环形电子束在强微波场下的振荡特性进行了理论研究。研究结果表明,束流的横向扩散程度主要与进入 TM_{02} 模驻波场中的相位相关,进而会影响低磁场 RBWO 中束流调制的能散和束波互作用效率。本章基于 KL-RBWO 的基本构型开展了低磁场 RBWO 束流相位实验,实验结果表明,通过对束流振荡相位的控制,可以将 C 波段低磁场 RBWO 的工作效率由 20% 提升至 28%。

　　本章对有限大磁场下速调型 RBWO 中的束波互作用过程进行了理论研究。建立了三维非线性理论模型,通过数值计算方法,研究了束流初始振幅对速调型 RBWO 工作效率的影响。研究结果表明,低磁场下强流电子束过高的横向振荡速度会导致器件中场受到的射频激励、电子受到的作用降低,进而产生超过 5.2 个百分点的效率影响,而强磁场下这一影响仅为 1.4 个百分点。

　　本章对二极管加速区束流包络的来源进行了分析、对束流包络振幅受到工作参数和局部径向电场的影响进行了理论、模拟研究。通过控制阴阳极间距 L_{ak} 改变束流进入、离开局部径向电场的振荡相位,可以实现对束流径向振荡的抑制。同时本章提出了一种带阳极腔的管头结构,可以有效增强局部径向电场幅度以增强对束流径向振荡的抑制作用。

　　在本章的最后提出了一种群聚增强型 RBWO,通过引入新型管头结构有效抑制了低磁场下束流的横向振荡包络,结合对束流相位的控制,实现了束流群聚的增强。模拟结果表明,该结构可将器件工作效率由 30% 提升至 34%。

第3章 低磁场高效率 RBWO 设计 与模拟研究

第 2 章从低磁场下的束流控制角度出发介绍了低磁场 RBWO 的研究工作,本章将从另一个角度,即"束-波"相互作用过程中微波产生的物理过程出发,开展对低磁场高效率 RBWO 的器件设计与模拟研究工作。首先,本章介绍了所设计的低磁场高效率 RBWO 的基本结构,阐述了各部分结构的设计思想,给出了二极管结构、谐振反射器、慢波结构与提取腔的参数选取原则;其次,以强射频场这一"束-波"相互作用过程中能量转化的"结果"为落脚点,通过局部谐振场增强的设计有效提升了对微波能量的提取,通过对总体射频场的控制进一步增强了束波能量交换的集中性,进行了提高转换效率的研究与设计;最后,对低磁场高效率 RBWO 进行了粒子模拟研究,给出了关键参数对 RBWO 工作状态的影响规律,为后续实验研究奠定了基础。

3.1 器件物理模型

书中所提出的低磁场高效率 RBWO 结构如图 3.1 所示,包括环形阴极、内反射器、带阳极腔的管头结构、谐振反射器、非均匀慢波结构、提取腔和波导腔结构,管体结构之间通过光滑圆波导连接。

该器件的主要工作原理如下:由前级驱动源产生的电压波从左侧注入器件,在阴阳极之间产生高压,阴极在强电场作用下产生环形强流电子束。电子束在阴阳极间隙处获得加速,在谐振反射器附近的驻波场作用下获得初始的速度调制,经调制的电子束在慢波结构里向前漂移的过程中逐渐形成密度调制,电子束运动的高频成分对慢波结构中的射频场产生激励,同时射频场与电子束逐渐产生能量交换。电子束在到达提取腔的过程中,密度调制逐渐达到最大,同时射频电场的幅度在提取腔内也达到最大,进而在提取腔内产生了集中的能量交换。显然,该器件是速调型 RBWO 的一种变型。

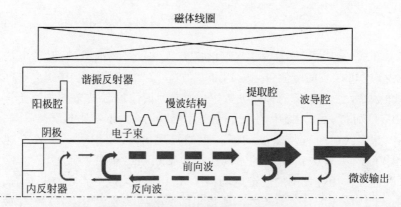

图 3.1　低磁场高效率 RBWO 的结构

在管头上引入的阳极腔结构用于抑制电子束的横向振荡包络,阳极腔与谐振反射器之间的漂移段用于调控电子束进入谐振反射器的横向振荡相位。在输出波导中引入的波导腔结构用于反射波导中的部分微波,在阴极内部引入的内反射器用于调控二极管区域内的微波反射相位。由提取腔中产生的微波辐射一部分向前传输到输出波导中,另一部分被反射至慢波结构,与谐振反射器之间形成正反馈的回路。前向传输的微波辐射绝大部分经耦合输出,一小部分由波导腔结构反馈至提取腔结构,反向传输的射频功率绝大部分经谐振反射器反射,一小部分经过谐振反射器继续反向传输直至被内反射器反射,这样分别在阴极附近和波导中产生了分布式的射频反馈回路。当器件工作时,电子束在产生、加速和参与束波互作用的过程中都浸没在外加均匀引导磁场中,随后沿磁力线收集于提取腔与波导腔之间的收集面上。

3.1.1　器件设计思想

所设计的低磁场高效率 RBWO 是速调型 RBWO 在低磁场下高效工作的有效延伸,下面从束波互作用过程中主要物理因素的角度出发,阐述所设计的器件是如何基于速调型 RBWO 进一步提升功率效率的。

在 RBWO 的高频结构中,考虑轴向上空间谐波电场和谐波电流的相互作用,根据坡印廷定理,可得区域 S 内由时谐电场与谐波电流相互作用产生的微波功率:

$$P = \frac{1}{T} \int_0^T \left\{ \iiint_S \frac{1}{2} J_1(z) \, \mathrm{e}^{\mathrm{j}(\omega t - k_e z + \varphi_1)} \right. .$$

$$\left[\sum_i E_z^{(i)}(r_b,z)\,\mathrm{e}^{\mathrm{j}(\omega t-k_iz+\varphi_i)}\right]2\pi r\,\mathrm{d}r\,\mathrm{d}\varphi\,\mathrm{d}z\Bigg\}\mathrm{d}t \tag{3.1}$$

在式(3.1)中,只考虑 1 次谐波电流 $J_1(z)$ 对场的激励,时谐电场 $E_z^{(i)}$ 只考虑 -1 次空间谐波($i=-1$)和基波($i=0$)的作用,其中 ω 为空间谐波的角频率,k_e 为电子的轴向波数,k_i 为空间谐波的导波常数。对于速调型 RBWO 而言,式(3.1)中的积分区域 S 可简化至提取腔附近。

根据式(3.1),从微波功率产生的机理出发,要想进一步提升速调型 RBWO 的功率效率,可行的实现途径包括增强电子束射频电流 $J_1(z)$、增长束波互作用过程中的时谐电场幅度 $E_z(z)$ 和调控二者在空间位置、时间相位上的彼此配合。对于本书所提出的低磁场高效率 RBWO,工作效率获得提升的机理如下:

(1)引入阳极腔的管头结构可以实现对束流传输路径上的局部电场的增强,通过控制经过局部电场的束流相位可以实现对束流振荡包络在横向上的有效压缩,进而在降低束流横向速度的同时实现束流群聚的增强,即增强射频电流幅度 $J_1(z)$,提升器件效率。

(2)通过控制进入谐振反射器驻波场中的束流振荡相位,可以抑制束流在射频场中的横向扩散,进而降低束流在调制、群聚中的能散,使得在束波互作用过程中电子动能更加集中,有利于与谐波电场的匹配,进而提升器件效率。

(3)在波导中引入的波导腔结构可以将器件输出的少量微波反馈至提取腔内,有效增强提取腔内的谐振电场幅度 $E_z(z)$,进而提升器件效率,实现对提取腔内产生的集中渡越辐射的有效增强。

(4)对梯形慢波结构进行了大量的非均匀处理,尽可能降低束流速度调制过程中漂移路径上的射频功率,使得群聚电流可以在器件内相对缓慢增长,最终在提取腔内达到最大,进而与提取腔内的强谐振场充分作用,从而充分发挥速调型 RBWO 集中束波互作用的优势,提升器件效率。

其中(1)、(2)两点属于对低磁场束流振荡的有效控制,分别在前文 2.2 节、2.3 节中进行了研究和阐述;(3)、(4)两点属于对束波互作用的优化设计,将分别在后文 3.1.5 节、3.3 节中进行进一步的分析。

3.1.2　二极管参数选择

无箔二极管结构是 RBWO 设计的结构基础,图 3.2 给出了器件所采用的无箔二极管结构,其前端与同轴传输线相连。对于内、外导体半径分别为

r_a、r_c 的同轴线,其绝缘最优的条件为 $r_c = r_a/e$,此时同轴内导体表面电场最小[27]。对于此单模工作的 C 波段 RBWO 而言,为获得较高的功率容量,其过模比应为 1.5,即慢波结构平均半径 $r_s = 52$ mm,为了获得较高的耦合阻抗,取阴极半径 $r_c = 43$ mm。

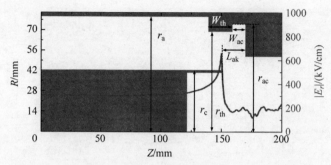

图 3.2　二极管结构与同轴内导体表面电场分布(前附彩图)

若阳极半径严格按照绝缘最优条件取值,会导致外加磁场线圈的尺寸较大,因此可以将内外导体半径的比值适当放宽,取阳极半径 $r_a = 80$ mm。当二极管电压为 820 kV 时,图 3.2 中的红色曲线给出了此时阴极与同轴内导体表面的径向电场分布,在同轴内导体表面电场幅度为 305 kV/cm,而不锈钢 304 材料在真空中的击穿阈值通常在 350 kV/cm 左右,因此降低了二极管的绝缘风险。

此外,根据 2.3.4 节中对束流振幅控制的研究结果,为了获得对束流横向振荡的充分抑制,在阳极附近引入了阳极腔结构,相关参数分别包括阳极腔漂移段半径 r_{th} 和长度 W_{th}、阳极腔半径 r_{ac} 和宽度 W_{ac}。阴阳极间距 L_{ak} 表示阴极端面到阳极腔右侧之间的距离,其用于调节二极管阻抗和电子束经过管头区域的振荡相位。

3.1.3　谐振反射器

RBWO 中谐振反射器的使用源于预调制 RBWO[31] 的提出,俄罗斯大电流所的 Alexander V. Gunin 使用了一个 TM_{020} 谐振反射器取代了原有的截止颈作为慢波结构微波的反射结构,使得慢波结构的过模比由 1.0 倍增加至 1.5 倍。该设计不仅增大了束流半径,使器件更适应于低磁场运行,同时还提高了器件的功率容量。

在 TM_{020} 模谐振反射器中心位置电场分布与波导中 TM_{02} 模场分布

类似,但是在反射器两侧电场并非完全对称。加宽 TM_{020} 反射器的宽度并适当调节腔体深度,使得反射器内出现轴向电场的波节点,就得到了 TM_{021} 反射器[72]。观察图 3.3 中的电场分布,TM_{021} 反射器可以获得比 TM_{020} 反射器更高的功率容量。

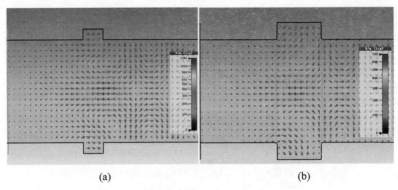

(a)　　　　　　　　　　　　　(b)

图 3.3　谐振反射器电场分布(前附彩图)

(a) TM_{020} 反射器;(b) TM_{021} 倒角反射器

在所设计的低磁场高效率 RBWO 中,选用的 TM_{021} 反射器腔宽 46 mm,半径 70 mm,两侧圆波导半径为 52 mm,不同于图 2.15 中的设计,该反射器在腔体两侧有半径为 2 mm 的圆倒角。倒角后反射器的 S_{11} 曲线如图 3.4 所示,该反射器的反射能力略有下降,对频率范围在 4.1~4.6 GHz 的微波反射比例超过 98%,但仍能满足器件中充分反射的需求。

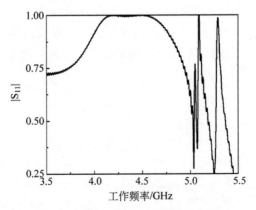

工作频率/GHz

图 3.4　TM_{021} 倒角反射器反射特性

3.1.4　慢波结构色散特性

RBWO 中采用的慢波结构为周期性的波纹结构,其中传输的空间谐波相速度低于光速,并且与电子的运动速度同步,进而可以持续地产生能量交换。在传统的 RBWO 中,慢波结构是电子束与微波场进行能量交换的主要区域;而速调型 RBWO 中束流的调制、群聚和能量提取过程更接近速调管中的情况,电子束在慢波结构中产生的能量交换较少,慢波结构主要决定RBWO 工作的模式、频率和束流在集中减速前的群聚状态。

所设计的低磁场高效率 RBWO 采用了 7 周期的梯形均匀慢波结构,该结构沿轴向旋转对称,并且工作于旋转对称的模式。图 3.5 给出了 7 周期梯形均匀慢波结构的示意图。其波纹内半径 $r_i = 47$ mm、外半径 $r_o = 57$ mm、波纹周期 $p = 32$ mm,一个波纹周期内波纹平面与斜面宽度分别为 $a = c = 6$ mm、$b = d = 10$ mm。

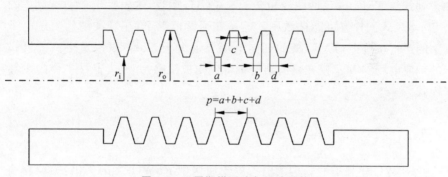

图 3.5　7 周期梯形均匀慢波结构

给同参数的梯形慢波结构赋予周期性边界条件,利用软件 COMSOL 5.3a 对其谐振特性进行计算,得到色散曲线如图 3.6 所示。对于所使用的 7 周期慢波结构,其色散特性不再是连续的曲线,而是退化为图 3.6 中曲线上分立的谐振点,每个谐振点与一种纵向模式相对应。

对于结构为 3.1.2 节所述的二极管,当电压为 820 kV 时,电子的动能近似为 600 keV,电子的相对论因子 $\gamma = 0.879$,图 3.6 中电子束线为电子运动的多普勒线,与 TM_{01} 模色散曲线相交于 π 模附近,交点频率近似为 4.4 GHz。

慢波结构平均半径为 52 mm,对于 C 波段 68.2 mm 的工作波长,慢波结构的过模比为 1.5,同频率的高阶模式在慢波结构中都得到了截止。

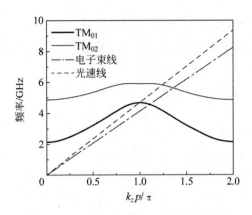

图 3.6   均匀无限长慢波结构色散曲线

TM_{02} 模的色散曲线与 TM_{01} 模的色散曲线之间存在明显的禁带,电子多普勒线与 TM_{02} 模色散曲线相交于 5.6 GHz 附近,这表明 5.6 GHz 频率的 TM_{02} 模式同样有可能被激励。但是在通常情况下,在慢波结构附近电子束的运行轨迹上,TM_{01} 模的轴向电场要远大于 TM_{02} 模以及更高阶模式的轴向电场,TM_{01} 模在慢波结构中将优先被激励,并成为器件工作的主导模式。

3.1.5   提取腔结构

RBWO 中提取腔结构的引入源于速调型 $RBWO^{[58]}$ 的提出,提取腔结构的作用通常包括两个方面:一是调节慢波结构中的场分布,通过反射部分微波功率至慢波结构区域,可以增强管体的谐振、加快器件的起振速度;二是实现射频功率的提取,通过在腔体附近引入局部的轴向电场对电子束进行减速,产生集中式渡越辐射,提高转换效率。

书中所使用的提取腔结构为 TM_{020} 模谐振腔,其腔宽为 18.5 mm,半径 65 mm,同时在腔两侧进行了半径 2 mm 的圆角倒角,腔体两侧圆波导半径为 48 mm。提取腔结构及电场分布如图 3.7(a)所示,为了更接近器件工作情况,对末端传输波导进行了变径处理。模拟得到提取腔 S_{11} 曲线如图 3.7(b)所示,对工作频率为 4.4 GHz 的微波,约有 42% 的微波功率被反射到慢波结构中。

下面以图 2.47 中的 RBWO 为例,分析上述 TM_{020} 提取腔引入后对器

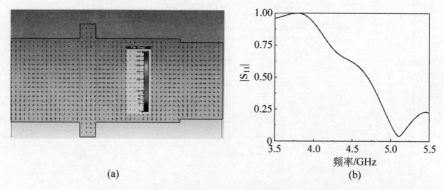

(a)　　　　　　　　　　　　　(b)

图 3.7　TM_{020} 提取腔结构与工作特性（前附彩图）

（a）电场分布；（b）反射特性

件的影响。图 3.8 给出了管体内基波电流分布的变化，在无提取腔时，束流群聚最强的位置位于第 3 个慢波结构附近，而提取腔的引入改变了慢波结构中的场分布，使得束流群聚最强的位置向后漂移至提取腔附近；图 3.9 给出了 RBWO 的输出功率随时间的变化，在增加提取腔后，器件功率由 1.8 GW 增加至 3.7 GW，器件起振速度加快约 1 ns。图 3.10 给出了管体内电子束功率的分布，在无提取腔时，束流功率主要在第 3 个到第 5 个慢波结构之间被逐渐转换为分布式的切伦科夫辐射，当加入提取腔后，束流功率不仅在慢波结构中被转换为切伦科夫辐射，随后还在提取腔中被集中转换为渡越辐射。

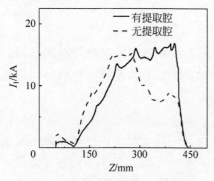

图 3.8　提取腔对基波电流分布的影响

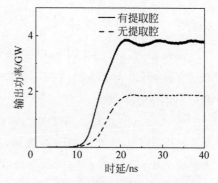

图 3.9　提取腔对输出功率增长的影响

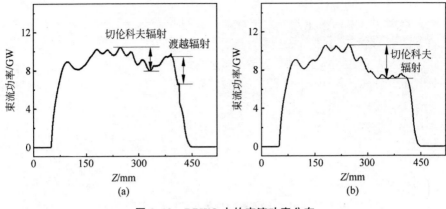

图 3.10　RBWO 内的束流功率分布

(a) 有提取腔；(b) 无提取腔

3.2　增强能量提取

提取腔结构同时具有调节慢波结构谐振和能量提取的作用,若提取腔反射性能过强,会导致慢波结构中的场过强,电子产生过调制而不能充分群聚;若反射系数过小,提取腔内不易产生强的谐振场,不利于产生集中的束流减速。由于提取腔的反射系数对腔宽、腔深过于敏感,若要进一步增强提取腔内的能量提取,需要在对提取腔反射系数改变较弱的条件下增强其中的减速电场。

3.2.1　谐振增强设计

谐振腔的外观品质因子 Q_{ext} 通常用于描述谐振腔与外部环境之间的能量交换,可以表示为腔内特定模式的储能 W_0 与该模式产生的外部能耗 W_{E} 之间的比值[73]:

$$Q_{\mathrm{ext}} = 2\pi W_0 / W_{\mathrm{E}} \mid_{\omega \approx \omega_0} = \omega_0 W_0 / P \tag{3.2}$$

其中,ω_0 为谐振腔的谐振频率,P 为谐振腔中耦合输出的功率。对于速调型 RBWO,其在稳态情况下提取腔内的电子束与射频场相互作用产生微波辐射,同时微波能量被传输波导输出。器件工作饱和后,可以近似认为提取腔内场分布不变,所提取的微波功率与输出功率相等,由式(3.2)可知,若增大提取腔的外观品质因数,提取腔内的谐振场随之增强,电子束与射频场之间的相互作用也更充分。

通过在提取腔结构后引入如图 3.11(a)所示的波导反射结构,可以有效增强提取腔附近的谐振场强。所设计的波导腔结构位于提取腔右侧 62 mm 处,由双矩形腔组成,其中左侧腔腔宽 15 mm、半径 56 mm;右侧腔腔宽 12 mm、半径 54 mm,二者之间通过长 12 mm、半径为 52 mm 的漂移段连接。模拟得到其反射特性如图 3.11(b)所示,在 4.4 GHz 频点上,其功率反射比例为 41%,与图 3.7(b)中的反射系数差异很小。

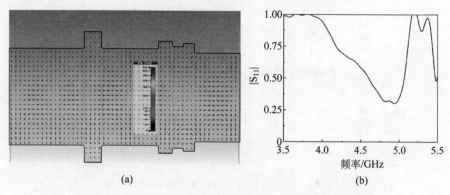

(a)　　　　　　　　　　　　　　　　(b)

图 3.11　引入波导腔后提取腔的工作特性（前附彩图）

(a) 电场分布;(b) 反射特性

通过 CST STUDIO 软件进行计算可得,在引入波导腔结构后,提取腔的外观品质因数 Q_{ext} 由 16.4 增加至 17.7,提取腔内的谐振有所增强,尽管在 4.4 GHz 频点下腔体的品质因数较低。随后对电子束轨迹 $R_b = 43$ mm 处的电场幅度分布的变化进行了观测,在提取腔内轴向电场的峰值场强增加超过了 12%,结果如图 3.12 所示。

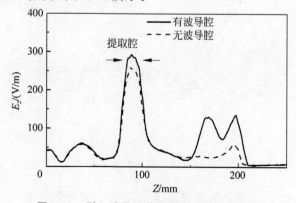

图 3.12　引入波导腔前后提取腔的场强对比

3.2.2 反馈增强型 RBWO

将上述双腔波导腔结构应用于图 2.46 中的传统速调型 RBWO,将输出波导中的微波反馈至束波互作用区,就得到了如图 3.13 所示的一种反馈增强型 RBWO。其中波导腔与提取腔之间的漂移段长度为 L_3,其被用于调节由波导进入提取腔中微波的反馈相位。

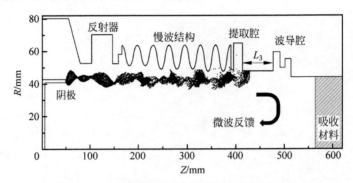

图 3.13 反馈增强型 RBWO 的结构与束流分布

图 3.14 给出了 PIC 模拟中器件内部束流通路上的轴向电场分布,观察可得在引入波导后提取腔内的峰值场强由 353 kV/cm 提升至 443 kV/cm,进而可以对群聚束流实现更强的减速作用。所谓"反馈增强",其工作原理实质是对束波互作用区域的谐振增强以获得功率效率的提升。相应地,器件输出功率也从初始的 3.7 GW 提升至 4.3 GW,效率上获得了 5% 的提升。

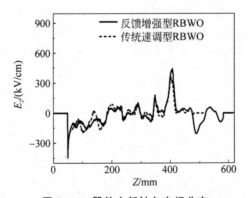

图 3.14 器件内部轴向电场分布

同样地,将上述波导腔结构应用于图 2.47 中的群聚增强型 RBWO,就得到了一种复合增强型 RBWO 结构,器件的输出功率从 4.3 GW 增加至 5.0 GW,图 3.15 中对应虚线给出了器件输出功率随时间的变化。

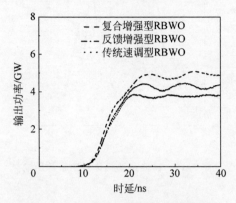

图 3.15　器件输出功率随时间的变化

根据图 3.16 中波导腔的 S_{11} 曲线可知,在 4.4 GHz 工作频点下,波导腔对前向功率的反射比例仅为 1.7%。定义波导反馈的相位为 $\varphi_f = 2\beta_z L_3$,其中 L_3 为提取腔至波导腔之间的漂移距离,由于漂移段波导半径为 48 mm,其中传输的 TM_{01} 模微波相移常数 $\beta_z = 77.3 \text{ m}^{-1}$。在模拟中得到器件功率随反馈相位的变化如图 3.17 所示,反馈增强型 RBWO 的输出功率在 2.9~4.3 GW 呈现周期性的波动,对于微波反馈相位非常敏感。因此反馈增强型 RBWO 在实际工作时,对于特定的反馈系数,能够实现效率提升的反馈相位非常关键;反之,当反馈相位固定时,反馈系数的微弱变化同样会导致输出功率的大幅变化,这在实际应用中存在一定风险。

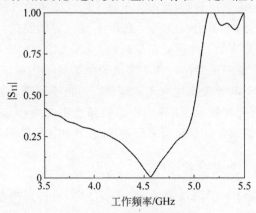

图 3.16　波导腔的反射特性

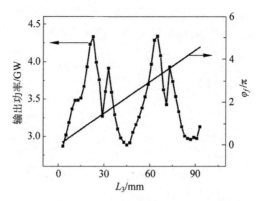

图 3.17   微波反馈相位对功率的影响

3.3   射频功率控制

作为目前能量转换效率最高的真空电子学器件,速调管高效工作的优势在于束流调制和能量提取的分离。在 3.1.4 节中曾讲到,在速调型 RBWO 中,当束流漂移在谐振反射器、慢波结构中时主要进行速度调制与群聚的过程,这与速调管中的工作状态非常相似。速调管工作的不同之处在于,速调管中束流的速度调制、能量输出都通过分离的谐振腔结构实现,在电子漂移路径上微波的工作模式是截止的,这也是目前速调管大多工作在 L 波段和 S 波段的原因。

当使用光滑圆波导代替慢波结构时,速调型 RBWO 的结构就变为一支过模的双腔速调管振荡器,此时由于缺乏慢波结构的谐振作用,往往不能激励起谐振场。对于 RBWO 而言,在束流到达提取腔前经过的慢波结构与其他结构中,微波的工作模式是导通的,束流传输过程中谐波电流对微波产生激励就会产生能量交换。若在束流调制的区域内微波能量较高、调制场过强,将不利于电子束实现深入的群聚[74],也不利于谐波电流与谐振场的相互作用。因此需要对 RBWO 中的射频功率流进行总体调控,适当降低调制电场,使得束流群聚获得充分增长,并且在提取腔附近达到最大。

3.3.1   非均匀慢波结构

在本书所设计的低磁场高效率 RBWO 中,对梯形慢波结构进行了大量的非均匀处理,与均匀慢波结构相比,分别增加了前 5 个波纹的内半径

r_i,减小了第 2、3、5、6 个和第 7 个波纹的外半径 r_o,图 3.18 给出了非均匀慢波结构连接谐振反射器的示意图。

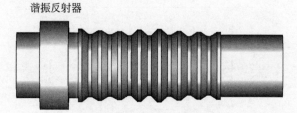

图 3.18　非均匀慢波结构

对该非均匀慢波结构末端注入 TM_{01} 模式的微波时,通过 CST STUDIO 2018 模拟得到谐振反射器和慢波结构中的轴线电场分布如图 3.19 所示。与使用均匀慢波结构的情况相比,使用非均匀慢波结构时在反射器中的峰值电场幅度降低了 20%,在电子同样受到速度调制的前 3 个慢波结构中,轴向电场同样有所降低。

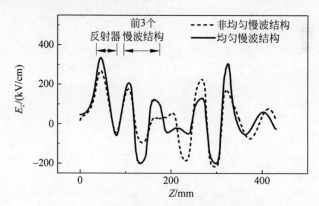

图 3.19　谐振反射器与慢波结构中的电场分布

随后在 PIC 模拟中观测了使用两种慢波结构时复合增强型 RBWO 工作情况的差异,图 3.20、图 3.21 分别给出了器件内的功率流分布和基波电流分布。可以发现,当采用非均匀慢波结构时,透过慢波结构中的微波功率仅为 206 MW,而使用均匀慢波结构时这一值达到 886 MW。因此使用均匀慢波结构时,由于对电子束速度调制的场过强,使得电子的群聚电流很快在慢波结构中增长到 16.6 kA 的最大值,进入提取腔时谐振电流下降至 14.4 kA,在提取腔中获得的功率提取并不高;通过对慢波结构进行非均匀处理,降低调制场,可以使得电子的群聚电流增长速度更缓、幅度更大,最终在提取腔中达到 19.1 kA 的峰值,利于产生集中的能量提取。

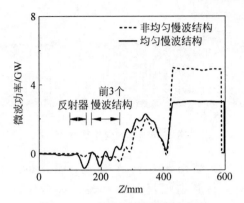

图 3.20   RBWO 中的射频功率流

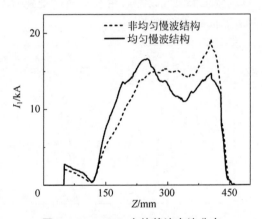

图 3.21   RBWO 中的基波电流分布

3.3.2   内反射器

在 2.2.2 节的束流相位控制中,本书对 RBWO 慢波结构与二极管加速区之间采用了射频隔离的假设。在对复合增强型 RBWO 的模拟中,通过使用输出端口取代阴极内侧的反射器,可以在相应端口观测到约 140 MW 的微波输出。由于阴极内反射器与阴极端面的距离 L_0 会对微波的反射相位产生直接影响,进而会对加速区的微波分布产生影响,尽管微波的功率要比二极管直流场的功率低两个数量级。

　　图 3.22 给出了 PIC 模拟中器件输出功率随内反射器位置 L_0 的变化，通过改变 L_0 产生的功率影响超过了 400 MW。图 3.23 给出了 L_0 不同时器件内的功率分布，当 $L_0 = 28$ mm 时进入反射器内的微波功率达到 401 MW，而在 $L_0 = 20$ mm 时这一值为 206 MW。可以发现，内反射器相对于阴极端面的位置同样对电子调制阶段的场强产生影响，并会改变电子群聚电流的幅度，只是这一影响并没有慢波结构的影响那样显著。

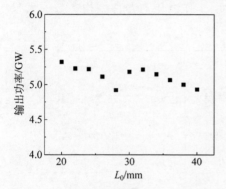

图 3.22　内反射器位置对输出功率的影响

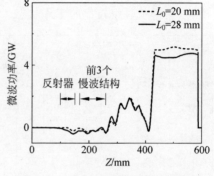

图 3.23　内反射器对功率流的影响

3.4　器件 PIC 模拟

　　在 2.3.2 节中曾对低磁场速调型 RBWO 中的束波互作用过程建立了三维非线性理论模型，对速调型 RBWO 中的非线性过程进行了理论分析。但是理论研究只能给出在大量假设条件下的物理规律，例如前文对束流振幅影响束波互作用效率的理论研究中，只对二极管中初始位移、初始横向动量相同的电子进行了考虑，而在实际的无箔二极管中，位于不同包络位置处的电子具有分布离散的初始位移和横向动量；在理论计算中，对电子束的空间电荷仅考虑了其轴向部分，对其他方向上的空间电荷力未做描述，对慢波结构中的工作模式只考虑了 TM_{01} 模前向基波和返波 -1 次谐波的作用等，其分析和研究具有局限性。

　　随着计算机模拟技术的发展，粒子模拟程序目前已经得到了广泛的应用。宏粒子模拟方法通过将连续空间离散化，将所计算的场量与粒子的行为在网格上离散分布，基于粒子和电磁场满足的电动力学方程进行时域有限差分求解。在前文的研究工作中，已经使用了大量的 PIC 模拟结果作为研究结论的佐证,在本节中,将应用粒子模拟软件 UNIPIC[59] 对低磁场高效率 RBWO 进行系统的 PIC 模拟研究,以获得对所设计器件工作机理和内在规律的深刻认识。

3.4.1　整管粒子模拟结果

图 3.24 给出了所设计的低磁场高效率器件结构及相关的参数分布,基于 PIC 模拟方法,经过对引导磁场强度、工作电压与器件结构参数的大量优化,获得了一组较优的工作状态。

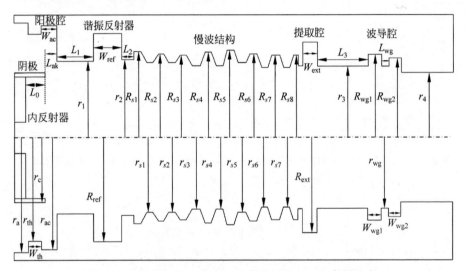

图 3.24　低磁场高效率 RBWO 器件结构与相关参数分布

当二极管电压为 820 kV,二极管电流为 15.5 kA 时,模拟中产生的微波平均功率为 5.3 GW,对应功率转换效率为 42%。图 3.25 给出了输出微波功率随时间的变化,器件达到饱和时间近似为 22 ns。根据图 3.26 中对输出波导中电场的快速傅里叶变换结果,得到器件工作的中心频率为 4.36 GHz,与图 3.6 中 TM_{01} 模束波同步点频率非常接近。波导中微波的基频功率约为 5.1 GW,倍频成分功率约为 0.2 GW。输出波导中频率为 4.36 GHz 的用于引导器件工作的外加磁场为模拟导出的 9 线圈螺线管磁体的磁场位型,图 3.27 给出了相对于器件的磁场分布,均匀区场强为 0.32 T。表 3.1 给出了该器件的模拟参数。

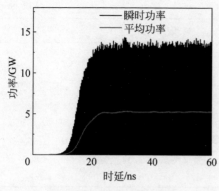

图 3.25　器件的输出功率

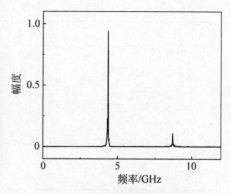

图 3.26　输出电场的频谱分布

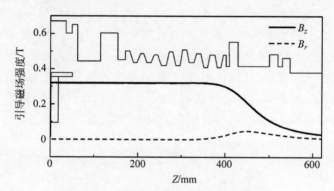

图 3.27　用于引导器件工作的磁场分布

表 3.1　低磁场高效率 RBWO 主要模拟参数　　　　　mm

结 构 参 数	数值	结 构 参 数	数值
阴极半径 r_c	43	SWS1 外半径 R_{s1}	58
阴极厚度	2	SWS1 内半径 r_{s1}	50
阴阳极间距 L_{ak}	20	SWS2 外半径 R_{s2}	55.5
阳极腔宽度 W_{ac}	18	SWS2 内半径 r_{s2}	49.5
阳极腔半径 r_{ac}	75	SWS3 外半径 R_{s3}	54.5
内反射器位置 L_0	22	SWS3 内半径 r_{s3}	48
反射器漂移段 L_1	42	SWS4 外半径 R_{s4}	57
慢波结构漂移段 L_2	16	SWS4 内半径 r_{s4}	48
反射器半径 R_{ref}	70	SWS5 外半径 R_{s5}	58
反射器宽度 W_{ref}	46	SWS5 内半径 r_{s5}	49

续表

结 构 参 数	数值	结 构 参 数	数值
波导腔漂移段 L_3	62	SWS6 外半径 R_{s6}	55
波导腔漂移段半径 r_3	48	SWS6 内半径 r_{s6}	47
波导腔 1 半径 R_{wg1}	56	SWS7 外半径 R_{s7}	53.5
波导腔 1 宽度 W_{wg1}	15	SWS7 内半径 r_{s7}	47
波导腔中段半径 R_{wg}	52	SWS7 末端半径 R_{s8}	53.5
波导腔中段宽度 W_{wg}	12	提取腔半径 R_{ext}	65
波导腔 2 半径 R_{wg2}	54	提取腔宽度 W_{ext}	18.5
波导腔 2 宽度 W_{wg2}	12		

　　图 3.28、图 3.29 分别给出了微波输出饱和后电子的相空间分布和轴向电流与电场分布,可以发现通过对非均匀慢波结构的使用,电子在谐振反射器与前 2 个慢波结构之间只受到速度调制的作用。在第 3 个到第 7 个慢波结构中,电子受到的速度调制减弱,产生的群聚电流分别在不同的慢波结构中受到相反的减速、加速作用,因而获得的净能量交换很少。随着电子向前漂移到提取腔中束流的群聚达到最大,在强电场的作用下,绝大部分电子受到了集中的减速作用,同时也存在少量电子被加速。

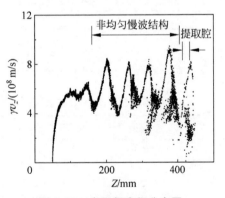

图 3.28　电子相空间分布图

　　图 3.30 给出了 RBWO 管体内束流功率、微波功率的分布,结果表明束流在第 4、5 个慢波结构中受到分布式的减速作用,产生切伦科夫辐射;而在第 6、7 个慢波结构中又受到分布式的微波加速作用。在进入提取腔前,管体内的射频功率接近 0,电子的动能也在此时达到最大。在提取腔间隙中,电子束的功率由 9.80 GW 减至 4.60 GW,而 4.36 GHz 的场功率由

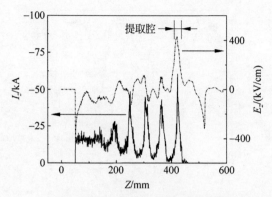

图 3.29　轴向电流与轴向电场分布

0.01 GW 增加至 5.11 GW、8.72 GHz 的场功率由 0.15 GW 增加至 0.18 GW,对于 5.3 GW 的微波总功率,在提取腔间隙的提取比例达到了 96% 以上。

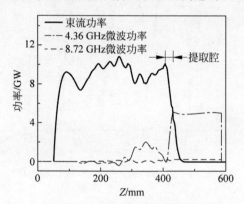

图 3.30　器件内部的功率分布

图 3.31、图 3.32 和图 3.33 分别给出了位于 $Z=300$ mm、$Z=385$ mm 和 $Z=421$ mm 处轴向电流、轴向电场随时间的变化,对应观测位置分别位于第 4 个慢波结构、第 7 个慢波结构和提取腔的中央。观测结果表明,在第 4 个慢波结构中,束流群聚时刻对应电场正向最大时刻,电子受到减速作用,产生切伦科夫辐射;在第 7 个慢波结构中,束流群聚增长更加充分,但轴向电场较弱,束流群聚时刻对应电子负向最大时刻,电子在微波场中吸收能量;在提取腔中,束流群聚达到最大,电场幅度超过 400 kV/cm,且束流群聚时刻对应电场正向最大时刻,有利于群聚电子束将能量传递给微波,产生集中渡越辐射。

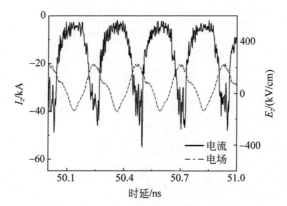

图 3.31　Z＝300 mm 处电流、电场的变化

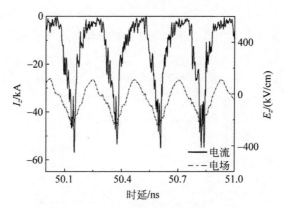

图 3.32　Z＝385 mm 处电流、电场的变化

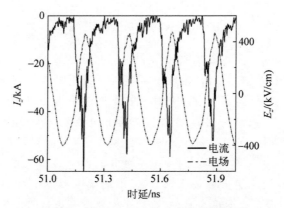

图 3.33　Z＝421 mm 处电流、电场的变化

3.4.2　电参数的影响

在 2.1.1 节中对有限磁场引导下电子的回旋运动进行了研究,电子回旋的角频率 $\Omega = qB_0/(\gamma m_0)$ 与引导磁场场强 B_0 呈正比。当电子回旋波与同电子相互作用的高频结构空间谐波同步时,二者将产生共振导致器件无法起振,因此在选取工作磁场时,应当避开回旋共振区域。在数值模拟中电子束能量 $\gamma = 2.17$,$v_z = 0.87c$,慢波结构周期 $p = 32$ mm,速调型 RBWO 工作在近 π 模,其对应反向波基波、反向波 -1 次谐波和前向波 -1 次谐波的回旋共振磁场分别为

$$\begin{cases} B_0^- = \dfrac{m\gamma v_z}{q}(2\beta) = 0.59 \\[2mm] B_{-1}^- = \dfrac{m\gamma v_z}{q}\left(2\beta - \dfrac{2\pi}{p}\right) = 0.64 \\[2mm] B_{-1}^+ = \dfrac{m\gamma v_z}{q}\left(\dfrac{2\pi}{p}\right) = 0.05 \end{cases} \tag{3.3}$$

通过调节引导磁场均匀区的大小,在模拟中得到器件输出功率、工作频率随磁场的变化如图 3.34 所示。

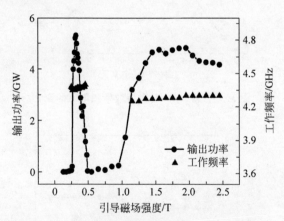

图 3.34　输出功率与工作频率随磁场的变化规律

当引导磁场低于 0.2 T 时,几乎没有微波产生,此时由于引导磁场过低,电子束几乎不能在二极管中正常传输;在 0.29~0.36 T 有超过 4 GW 的微波输出,且在 0.32 T 下功率达到 5.3 GW 的最大值;在 0.6~0.9 T 几乎没有微波输出,与预测的回旋共振区域一致,此时电子能量转化为回旋

模式的能量；当引导磁场大于 1.5 T 时，器件的输出功率普遍低于低磁场的最优工作点。在低磁场区域内，器件的工作频点在 4.35～4.4 GHz，随磁场增强而升高；在强磁场区域内，工作频点在 4.25～4.3 GHz，随磁场增强而升高。

　　图 3.35、图 3.36 分别给出了微波输出功率、转换效率和工作频率随工作电压的变化。随着二极管电压的升高，RBWO 输出功率呈现上升趋势，在 850 kV 时达到 5.7 GW 的最大值，随后输出功率不再上升；器件电压在 800～850 kV 时都有超过 40% 的工作效率，并且在 820 kV 时达到 43% 的最大值。当工作电压升高至 850 kV 以上时，工作频率从 4.36 GHz 跳变至 4.38 GHz，频率上移的原因是束流动能增加导致慢波结构色散曲线与束流交点更加接近 π 模。

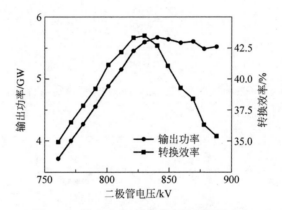

图 3.35　输出功率、转换效率随电压的变化

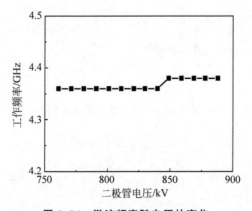

图 3.36　微波频率随电压的变化

3.4.3　不同结构的影响

经过对低磁场高效率 RBWO 的 PIC 模拟研究,现在对本书中介绍的提高器件效率的方法和影响进行总结,包括在速调型 RBWO 中引入的不同结构和对速调型 RBWO 原有结构参数的调控,如表 3.2 所示。

表 3.2　低磁场速调型 RBWO 工作参数对比

器 件 结 构	磁场强度 B_0/T	工作电压/kV	工作电流/kA	微波频率/GHz	微波功率/GW	转换效率/%
速调型 RBWO	0.32	870	13.5	4.30	2.8	22
束相控制 RBWO	0.32	880	13.9	4.35	3.7	30
群聚增强 RBWO	0.32	850	14.7	4.35	4.3	34
反馈增强 RBWO	0.32	880	13.9	4.35	4.3	35
复合增强 RBWO	0.32	850	14.7	4.35	5.0	40
低磁场高效率 RBWO	0.32	820	15.5	4.36	5.3	42

通过对进入谐振反射器中束流振荡相位的调控,降低束流能散,可以将低磁场下速调型 RBWO 的工作效率由 22% 提升至 30%;进一步地,通过引入带阳极腔的管头结构,抑制束流振幅,促进束流群聚,可以将束相控制 RBWO 的工作效率由 30% 提升至 34%;通过引入波导反射结构,增强提取腔内的谐振电场,提高集中渡越辐射,可以将束相控制 RBWO 的工作效率由 30% 提升至 35%;将群聚增强和反馈增强两种手段结合,可以获得工作效率达到 40% 的复合增强型 RBWO;最后,通过对慢波结构进行大量非均匀处理,结合内反射器对器件内部的功率分布进行调控,就得到了本书所提出的低磁场高效率 RBWO,在模拟中可以实现功率为 5.3 GW,效率为 42% 的微波输出。

3.5　小　　结

本书所提出的低磁场高效率 RBWO 是基于速调型 RBWO 的进一步研究和发展,是对低磁场 RBWO 进行扬长避短的设计,本章主要进行了该新型器件的设计和数值模拟工作。

本章首先给出了所提出的器件的基本模型,介绍了器件的工作原理和物理内涵,该器件不仅蕴含了对束流相位、振幅的调控,同时还结合了对谐振场的增强与管体的功率流控制思想。随后给出了二极管结构、谐振反射器、慢波结构和提取腔等基本结构的工作原理和设计准则。

本章提出了一种反馈增强型相对论返波管结构,通过在波导中引入反射结构,在对提取腔反射特性改变较小的前提下增强了提取腔内的谐振场,提高了对群聚束流的能量提取。模拟结果表明,该方法可将束相控制型 RBWO 的工作效率由 30% 提升至 35%。

本章介绍了器件内通过非均匀慢波结构、内反射器进行的管体射频功率流调控。通过对慢波结构进行非均匀处理可以降低进入谐振反射器中的微波功率,降低电子束在调制过程中的电场幅度,使得群聚电流增长较缓进而在提取腔中达到最大值,有利于集中的能量交换。通过对内反射器端面位置的调节,可以降低调制电场,使得群聚电流增长更充分,有利于提高效率。

最后,本章基于 PIC 模拟软件 UNIPIC 对低磁场高效率 RBWO 进行了细致的参数优化,给出了有代表性的物理图像并进行了分析,最终得到典型的模拟结果如下:在 0.32 T 引导磁场下,当二极管电压、电流分别为 820 kV、15.5 kA 时,所设计的低磁场高效率 RBWO 输出微波功率为 5.3 GW、工作频率为 4.36 GHz,对应转换效率为 42%。

第4章 低磁场高效率 RBWO 实验研究

在前文对低磁场高效率 RBWO 的结构设计和数值模拟工作中,提出了通过控制束流相位、抑制振荡包络和增强能量提取的提高低磁场 RBWO 工作效率的方法,并且在 0.32 T 磁场下,在模拟中获得了功率为 5.3 GW,效率为 42% 的 C 波段微波输出。为了验证上述设计思想与模拟结果,在本章中,基于模拟中优选的结构参数进行了低磁场高效率 RBWO 的机械设计与器件加工,并在 TPG2000 脉冲驱动源平台上搭建了实验系统,对该新型器件在低磁场下的工作特性进行了实验研究。

4.1 实验系统介绍

图 4.1、图 4.2 分别给出了低磁场高效率 RBWO 实验系统和实物图片,主要包括以下几个部分:TPG2000 脉冲驱动源、脉冲磁体及配套磁体电源、C 波段低磁场高效率 RBWO 组件、微波传输与发射系统和实验测量系统。

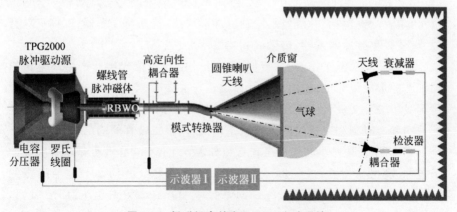

图 4.1 低磁场高效率 RBWO 实验系统

在实验中,由 TPG2000 脉冲驱动源产生高电压脉冲并注入二极管中,在环形石墨阴极爆炸发射产生强流电子束。在螺线管脉冲磁体产生的均匀磁场引导下,电子束在二极管结构电场中获得加速,并驱动 C 波段低磁场高效率 RBWO 产生 TM_{01} 模 HPM,随后经过蛇弯模式转换器转换为 TE_{11} 模式,由直径为 810 mm 的圆锥喇叭天线,经聚苯乙烯介质窗辐射到大气中。实验中采用了真空泵机组来维持微波产生、传输过程管体中的真空度,使得二极管和微波传输区域真空度低于 1×10^{-3} Pa。

图 4.2   低磁场高效率 RBWO 实验系统(实物)

4.1.1   TPG2000 脉冲驱动源

TPG2000 脉冲驱动源于 2009 年由彭建昌等研制[75],其结构如图 4.3 所示,主要结构包括初级电源、同轴脉冲形成线、特斯拉变压器、气体火花开关、重复频率脉冲触发器、传输线和二极管等。

该脉冲驱动源工作时,初级低压电源经由特斯拉变压器产生高电压给同轴脉冲形成线充电,通过触发气体火花开关导通,产生高电压脉冲并通过传输线传输到二极管区域。通过设定初级电源的充电电压,调节气体火花开关的导通时刻和二极管的工作状态,可以调整二极管的输出功率。

TPG2000 脉冲驱动源的工作参数如表 4.1 所示,当驱动源以单次脉冲工作时,输出功率在 10~40 GW 可调,电脉冲上升沿约 20 ns,半高宽约 65 ns,形成线最高充电电压为 2.65 MV,此时对应二极管工作电压 1.29 MV,二极管电流为 32.3 kA,二极管功率为 41.6 GW;该驱动源同样可以在 20 GW/50 Hz 重复频率下稳定工作,当二极管电压为 0.99 MV 时,电流为 20.8 kA,脉冲宽度达到 63 ns。

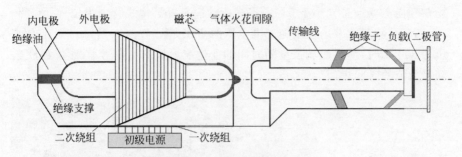

图 4.3　TPG2000 驱动源结构

表 4.1　TPG2000 驱动源工作参数

重复频率/Hz	二极管电压/MV	二极管电流/kA	脉冲宽度/ns	电压上升时间/ns
0.1	1.29	32.3	65	20
1~50	0.99	20.8	63	20

4.1.2　脉冲磁体系统

　　脉冲磁体系统包括螺线管脉冲磁体和脉冲电源,通过磁体线圈放电产生用于引导电子束的脉冲磁场。脉冲磁体的放电时间通常在十毫秒量级,实验中驱动源电压脉宽为 65 ns,电子束产生与传输时间小于 100 ns,当 RBWO 工作时可近似认为引导电子束的磁场是均匀的直流磁场。

　　根据 C 波段 RBWO 的尺寸,所设计的螺线管脉冲磁体内径为 184 mm,外径为 236 mm,长为 715 mm,由 9 个长 75 mm 的磁体线圈并联而成,线圈之间由环氧树脂薄片隔开,间距为 5 mm。通过求解得到各个线圈上的电流密度分布,利用 COMSOL 5.2a 软件对线圈模型进行模拟,图 4.4(a)给出了模拟结构和束流半径 $r_b = 43$ mm 附近的磁力线分布(3 条虚线),在中间 7 个线圈附近磁力线分布均匀,在外侧的 2 个线圈附近磁力线沿径向扩张,磁场降低。用于支撑磁体的不锈钢套筒结构内径为 168 mm,长为 755 mm,装配磁体线圈得到螺线管脉冲磁体如图 4.4(b)所示。

　　所用的脉冲磁体电源总电容为 7.2 mF,由 8 个电容为 900 μF 的电容并联组成。实验前,利用三维高斯计对束流传输线 $r_b = 43$ mm 上的轴向磁场强度 B_z 进行了测量,得到充电电压为 700 V 时的测量结果如图 4.5(a)所示。测得磁场均匀区从 $Z = 140$ mm 处开始,长度约为 520 mm,满足实验要求,实测束流环形轨迹上的平均磁场强度与模拟结果差异小于 3%,磁场在环向上场强差异小于 5%。将高斯计探头置于螺线管中央位置处($Z=$ 377.5 mm),测得磁场强度随充电电压的变化如图 4.5(b)所示。当充电电压为 800 V 时,测得磁场强度随时间的变化波形如图 4.6 所示,磁场强度达到最大值的时间近似为 13 ms。

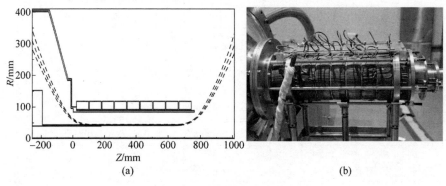

(a)   (b)

图 4.4   螺线管脉冲磁体
(a) 模拟结构与磁场位型;(b) 实物图片

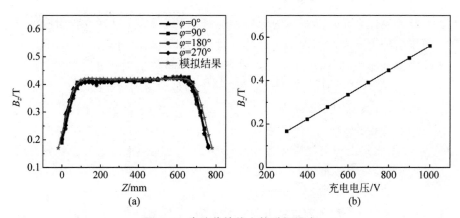

(a)   (b)

图 4.5   束流传输线上的磁场强度
(a) 随轴向位置的变化;(b) 随充电电压的变化

当电子束运行轨迹与 RBWO 机械结构不同轴时可能导致非对称模式的激励。当 RBWO 在低磁场下工作时,在径向上电子束运行轨迹的变化对器件效率也可能产生较大影响。因此需要保证电子束在传输过程中具有好的环向对称性。在实验中,首先通过如图 4.7 所示的五维机械平台对磁体套筒与脉冲驱动源进行了机械对心。由于实测磁场位型并不是完全旋转

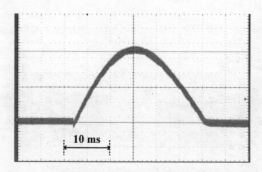

图 4.6　束流传输线上磁场强度随时间的变化波形

对称的,因此在机械对心的基础上,还需要通过电子束打靶的方式进行热对心,以保证电子束传输过程中与 RBWO 之间的同轴度。在 2.1 T 引导磁场下,不锈钢靶片表面附着鞣酸铁颜料,置于 $Z = 700$ mm 处,得到电子束轰击痕迹如图 4.8 所示,可以观察到烧蚀痕迹均匀,测得靶片偏心程度低于 0.3 mm,其中上下偏心 0.06 mm,南北偏心 0.07 mm。

图 4.7　五维机械平台

图 4.8　不锈钢靶片上电子束 轰击痕迹(前附彩图)

4.1.3　低磁场高效率 RBWO 组件

图 4.9(a)为低磁场高效率 RBWO 相关组件在实验系统中的装配示意图,当前级高电压脉冲注入二极管区域时,在环形石墨阴极表面产生超过 1 MV/cm 的宏观场强,阴极表面产生场致发射电子,随着阴极外侧高密度等离子体的形成迅速演化为爆炸发射。

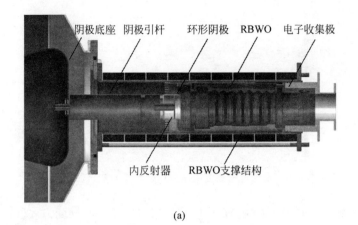

阴极底座　阴极引杆　　环形阴极　RBWO　电子收集极

内反射器　RBWO 支撑结构

(a)

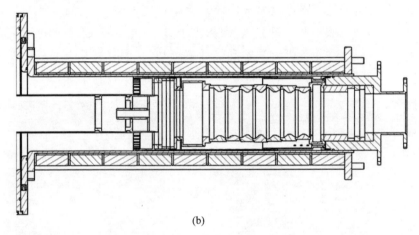

(b)

图 4.9　低磁场高效率 RBWO 实验结构

(a) 结构装配图；(b) 机械设计图

在外加磁场引导下,强流电子束在二极管结构电场中获得加速,并在 RBWO 中进行束波相互作用,先后完成了脉冲形成线电能到电子束动能、再到微波能量的转换。位于阴极引杆前端的阴极底座半径最宽处为 200 mm,用于阻挡低磁场下二极管中的部分返流电子;经过束波互作用的电子束能量在提取腔与波导腔之间被收集。

RBWO 是本书实验研究的核心内容,由于对低磁场二极管中强流电子束状态的测量手段有限、认识不够充分,在 PIC 模拟中的器件结构参数仅能作为实验研究的初始结构参数,在此参数基础上,需要基于强相对论电子束在实验中的真实状态进行大量结构参数的调试,以获得最优的器件工作状态。

图 4.9(b)为低磁场高效率 RBWO 相关组件的机械设计图,其中阳极腔、谐振反射器、慢波结构、提取腔、波导腔以及各组件之间的连接段都通过金属环拼接组成,管头结构与管体外筒、管尾结构之间分别通过螺纹配合构成 RBWO 管体的支撑结构。为了获得更高的功率容量,RBWO 组件采用了牌号为 TA2 的钛金属材料,并在结构变化处进行了半径为 1 mm 的圆角倒角,加工后的相关结构如图 4.10 所示。为了尽可能降低阴极和同轴内导体的侧发射能力,提高二极管绝缘性,实验中使用了图 4.10 中所示的镶嵌石墨阴极,其中环形石墨段长度为 3 mm,通过止口镶嵌在钛阴极上。

管头及阳极腔

波导腔结构

谐振反射器

提取腔

慢波结构

腔体调节环

返波管总装

阴极和内反射器

阴极引杆

图 4.10　低磁场高效率 RBWO 组件

4.1.4　微波传输与辐射系统

微波传输与辐射系统如图 4.11 所示,包括传输波导(高定向性耦合器波导)、蛇弯模式转换器和圆锥喇叭天线。由 RBWO 直接产生的 TM_{01} 模式微波先后经过金属圆波导和定向耦合器波导的传输,随后经过 TM_{01}-TE_{11} 模式转换器进行模式转换,馈入直径为 810 mm 的圆锥喇叭天线,经过聚苯乙烯介质窗辐射到大气中。为降低介质窗在大气侧的击穿风险,外覆有内充六氟化硫和氮气的气球。

使用的传输波导内径为 88 mm,与波导腔末端波导半径保持一致,总长度为 600 mm;图 4.12 给出了所用蛇弯模式转换器的结构,图 4.13 给出了相应模式的 S_{21} 参数曲线,在 4.4 GHz 工作频点上 TM_{01} 向 TE_{11} 的模式转换比例为 99.2%,输出端口 TM_{01} 的模式比例为 9.3%。

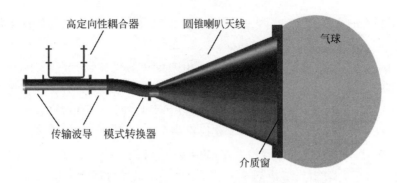

图 4.11　微波传输与辐射系统

　　图 4.14 给出了实验中采用的圆锥喇叭天线,该圆锥喇叭的直径为 810 mm;图 4.15 给出了该喇叭在 4.4 GHz 频率下对应的远场方向图,天线在 H 面的最大增益为 18.0 dB,位于±4°位置处。

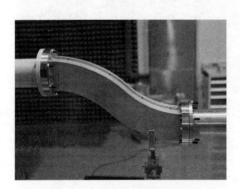

图 4.12　C 波段模式转换器

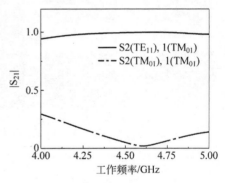

图 4.13　单弯模转 S_{21} 曲线

图 4.14　810 mm 口径圆锥喇叭天线

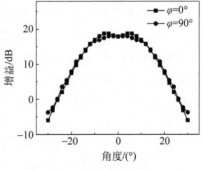

图 4.15　喇叭天线远场方向图

4.2　实验测量系统

实验测量的主要参数包括二极管电压、电流和微波功率、频率与脉宽。

4.2.1　二极管参数测量

TPG2000 脉冲驱动源的二极管电压采用置于二极管外筒内表面的电容分压器来测量。电容分压器采用二级分压结构,在第一级电容分压器的输出端接电阻分压器,从而获得更大的分压比和测量系统时间常数。

二极管电流采用空芯罗氏线圈测量,经适当衰减后接入本地示波器中。在固定衰减通路时,经标定得到分压比和分流比分别为 196 kV/V 和 2.08 kA/V。

4.2.2　微波参数测量

RBWO 输出微波功率测量采用辐射场功率密度积分法,测量原理如图 4.16 所示,通过在远场的多个方向上布置探测器对功率密度分布进行测量,对功率密度积分可得到辐射场总功率。实验中,以圆锥喇叭相心为圆心,L 为半径,喇叭轴线正对方向为零度点,接收天线垂直高度与圆锥喇叭高度保持相同,接收天线间隔为 $\theta_{\triangle}$,第 i 个测点与圆锥喇叭中轴线夹角为 θ_i,对应测点上测得功率密度为 S_i。

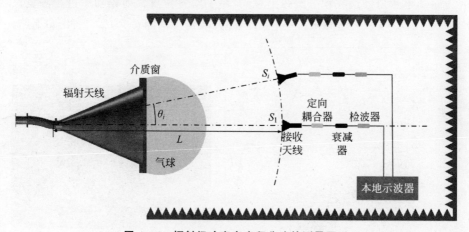

图 4.16　辐射场功率密度积分法的测量原理

对图 4.16 所示的测量系统,辐射场总功率的计算公式为

$$P_{\text{total}} = \sum_{i=1}^{n} S_i A_i \qquad (4.1)$$

其中,$A_i = 2\pi L^2 [\cos(\theta_i - \theta_\Delta/2) - \cos(\theta_i + \theta_\Delta/2)]$ 为第 i 个测点处对应的环形面积。

辐射场的测量通路如下:微波经 BJ48 标准增益喇叭天线接收后,先后通过定向耦合器、5 m 微波电缆和同轴衰减器对微波脉冲进行衰减、传输,最后由晶体检波器检波,输入本地测量示波器。根据检波器灵敏度曲线可计算得到接收天线在辐射场中接收到的功率 P_r,然后由接收天线的有效面积 A_e 计算得到第 i 个测点处的功率密度:

$$S_i = P_r / A_e \qquad (4.2)$$

其中,天线的有效面积为

$$A_e = \lambda^2 G_e / 4\pi \qquad (4.3)$$

其中,λ 为微波波长,G_e 为天线增益,利用 CST Microwave Studio 对接收天线模型的增益进行计算,可以得到天线的增益如图 4.17 所示。在频率为 4.4 GHz 时,对应的天线增益为 10.31 dB,由此计算得到接收天线有效面积 $A_e = 39.73$ cm^2。

为了更快获得不同位置处的功率密度,实验中采用了 6 路可移动的辐射场测量阵列,如图 4.18 所示。其中 2 路功率测量通道用于功率监测,4 路功率测量通道在积分圆弧上移动,用于对各位置辐射场功率进行测量。在对式(4.1)中环形面积 A_i 进行计算时,取角度间隔 θ_Δ 为 2°。各测量通路

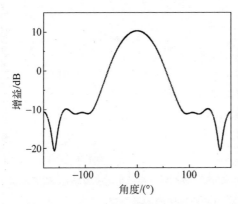

图 4.17　接收喇叭天线 H 面增益曲线　　　　图 4.18　辐射场测量阵列

的组成以及通路衰减和晶体检波器标定结果见表 4.2。经衰减后注入晶体检波器中的微波功率为 15～20 dBm，此时检波器工作在线性区域。

表 4.2　辐射场各测量通路组成与标定结果

序号	通路组成						总衰减值/dB	晶体检波器 P(dBm)-V(mV) 拟合曲线
	定向耦合器衰减值/dB	微波电缆衰减值/dB	衰减器1衰减值/dB	衰减器2衰减值/dB	衰减器3衰减值/dB	检波器序号		
1	−40.08	−2.84	−30.14	—	—	1	−73.06	$-15.751+$ $9.071 \times V^{0.221}$
2	−40.26	−2.84	−5.86	−30.12	—	2	−79.08	$-38.980+$ $24.212 \times V^{0.144}$
3	−30.63	−2.85	−9.94	−30.14	—	3	−73.56	$-8.161+$ $2.785 \times V^{0.388}$
4	−30.80	−2.83	−3.08	−9.94	−30.12	4	−76.77	$-36.213+$ $21.882 \times V^{0.152}$
5	−30.81	−2.93	−9.93	−30.17	—	5	−73.84	$-12.194+$ $5.817 \times V^{0.308}$
6	−30.67	−2.81	−9.90	−30.10	—	6	−73.48	$-11.870+$ $5.624 \times V^{0.314}$

注：表中 V 为检波器检测到的电压，是一个变量。

在对辐射场功率进行测量时需考虑测量距离 L 是否满足远场条件[76]：

$$L > 2\frac{D^2}{\lambda} \tag{4.4}$$

其中，D 为发射天线口径，λ 为微波波长，本实验中 $D=0.81$ m，$\lambda=0.068$ m，对应的辐射远场距离为 19.2 m。由于实验场地有限，实际积分距离取为 $L=6$ m，此时 $L\lambda/D^2 \approx 0.62$，根据张黎军等人对近场辐射功率的研究结果[77]，此近场条件下不同角度处的辐射场相位与远场球面波相位存在差异，而积分功率与远场条件下的积分功率差异小于 3%。

微波频率和工作脉宽根据图 4.11 中高定向性耦合器耦合出的小功率微波，经衰减器与微波电缆衰减后，输入高速示波器 Tektronix DPO 71254 测得，该示波器模拟带宽为 12 GHz、采样率为 40 GS/s。其中微波频率通过对波形进行快速傅里叶变换得到，微波脉宽为在线微波波形峰值的半高宽。

4.3　典型实验结果

在完成实验系统的搭建、测量通路的标定后,对本书提出的低磁场高效率 RBWO 展开了实验研究。经过对引导磁场强度、工作电压和器件结构参数的大量优化,获得了一组较优的结构参数如表 4.3 所示,得到了典型的实验结果如下。

表 4.3　低磁场高效率 RBWO 主要实验参数　　　　mm

结 构 参 数	数　值	结 构 参 数	数　值
阴极半径 r_c	44	慢波结构漂移段 L_2	16
阴极厚度	1	SWS1 外半径 R_{s1}	58
阴阳极间距 L_{ak}	35	SWS1 内半径 r_{s1}	50
管头漂移段宽度 W_{dr}	22	SWS2 外半径 R_{s2}	56.5
管头漂移段半径 r_{dr}	70	SWS2 内半径 r_{s2}	49.5
阳极腔宽度 W_{ac}	18	SWS3 外半径 R_{s3}	57.5
阳极腔半径 r_{ac}	75	SWS3 内半径 r_{s3}	48
内反射器位置 L_0	28	SWS4 外半径 R_{s4}	56
反射器漂移段 L_1	40	SWS4 内半径 r_{s4}	48
反射器半径 R_{ref}	70	SWS5 外半径 R_{s5}	58
反射器宽度 W_{ref}	46	SWS5 内半径 r_{s5}	47
波导腔漂移段 L_3	58	SWS6 外半径 R_{s6}	55.5
波导腔漂移段半径 r_3	48	SWS6 内半径 r_{s6}	47
波导腔 1 半径 R_{wg1}	56	SWS7 外半径 R_{s7}	53.5
波导腔 1 宽度 W_{wg1}	15	SWS7 内半径 r_{s7}	47
波导腔中段半径 R_{wg}	52	SWS7 末端半径 R_{s8}	53
波导腔中段宽度 W_{wg}	12	提取腔半径 R_{ext}	65.5
波导腔 2 半径 R_{wg2}	54	提取腔宽度 W_{ext}	18.5
波导腔 2 宽度 W_{wg2}	12		

4.3.1　二极管工作参数

固定二极管阴阳极间距 L_{ak},外加引导磁场为 0.42 T,得到了 TPG2000 脉冲驱动源二极管电压、电流和高定向性耦合器耦合出的典型波形如图 4.19 所示。此时测量得到二极管电压、电流分别为 815 kV、18.5 kA,可得二极管阻抗为 44.0 Ω,这一值要明显低于模拟中的 52.6 Ω。

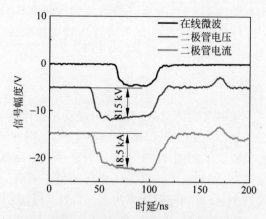

图 4.19　二极管电压、电流与在线检波波形

二极管电压前沿为 20 ns,电压、电流波形的半高宽为 65 ns,在电压波形达到平顶后,电压幅度呈下降趋势,而电流波形呈现出持续的增长趋势,这说明在电压波形达到平顶后,二极管区域的电流发射在持续增加。由高定向性耦合器耦合出的微波检波波形半高宽为 36 ns,对应电压波形达到平顶后微波的饱和时间约为 20 ns,与模拟结果吻合较好。

4.3.2　微波频率

图 4.20 给出了由高定向性耦合器耦合出的微波波形及其快速傅里叶变换,微波半高宽约 36 ns,微波中心频率为 4.4 GHz,并且频谱较为单纯。实验中的微波频率要比模拟结果高出 40 MHz,这可能是由于实验中采用

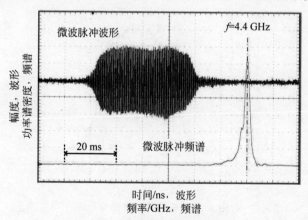

图 4.20　在线微波波形及其频谱

的慢波结构与模拟参数不一致,导致了慢波结构色散曲线与电子束交点的微波频率上移;同时对高频结构的倒角处理导致波纹变浅,也可能使得微波频率上移。

4.3.3　微波功率

应用 4.2.2 节中的实验测量系统对辐射场功率密度分布进行了测量,得到功率密度分布如图 4.21 所示。测量通路 1~4 分别对应在辐射场 12°、8°、−8°、−12°的检波波形如图 4.22 所示。为了尽可能降低接收天线阵列互耦导致的测量误差,在测量中接收天线之间的测量间隔为 4°。通过对辐射场功率密度进行积分,得到辐射功率为 5.0 GW。根据 815 kV、18.5 kA 的二极管电压、电流进行计算,实验中低磁场高效率 RBWO 的工作效率约为 33%。所获得输出功率要比模拟结果低 300 MW,这是由于在实验中未考虑倍频信号的测量,由于 BJ48 接收天线会截止倍频信号,使得功率较低的倍频信号未能被晶体检波器检测。

图 4.21 中同样给出了圆锥喇叭天线注入功率为 5.0 GW 时的模拟辐射场功率密度分布,与实验结果存在一定差异。这可能是由于在 RBWO 中出现了非对称的微波模式,其在模式转换器中未被转换为 TE_{11} 模式,因而在辐射场 −8°~8°之间呈现出一定的差异。观察辐射场检波波形(图 4.22)可以发现,辐射场南北两侧波形并不一致,在辐射场北侧(8°、12°)的波形尾部出现了明显畸变,波形半高宽要比辐射场南侧波形和在线检波波形多出约 3 ns。

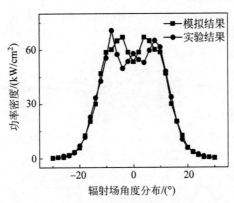

图 4.21　辐射场功率密度分布

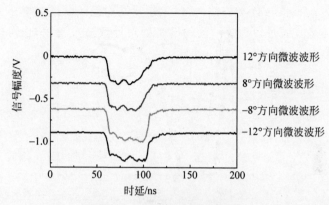

图 4.22   辐射场典型检波波形

4.4   工作参数的影响

基于实验中得到的最优工作状态,研究了工作磁场、二极管电压和器件结构参数对低磁场高效率 RBWO 工作状态的影响。

4.4.1   工作磁场

RBWO 在低磁场下的有效工作是本书研究的重点所在,实验中对二极管电压和工作磁场进行联合调试,得到 815 kV 电压下所设计的低磁场高效率 RBWO 的最优工作磁场为 0.42 T,与 2.2.3 节束流相位实验中的研究结果类似,实验中的工作磁场要明显高于模拟中的 0.32 T。这主要是由于在实验中使用的石墨阴极半径 $r_c = 44$ mm,要比模拟中宽 1 mm,同时阴极发射过程中阴极等离子体导致电子束有效半径增加,因而需要更强的引导磁场。在模拟中的阴极发射模型过于理想,与实验中的束流发射情形存在较大差异,二极管中束流的实际振幅与相位分布在模拟中难以复现。

同时书中还对磁场强度变化对微波输出的影响进行了进一步的研究,固定工作电压,得到结果如图 4.23 所示。当磁场强度 B 处于 0.38~0.48 T 时,器件输出功率超过 3.5 GW;微波输出功率随磁场的变化与模拟中呈现相似规律,在模拟中该 RBWO 工作的回旋共振区为 0.5~0.9 T,而在实验中为 0.6~1.0 T。当工作磁场超过 1.5 T 以后,尽管输出功率随磁场增加获得了明显增加,但仍然要低于低磁场下的最优工作点,这也体现了该器件的低磁场运行特征。

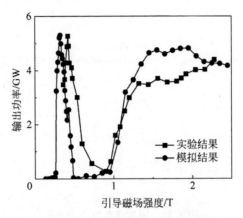

图 4.23　工作磁场对输出功率的影响

4.4.2　工作电压

　　固定引导磁场为 0.42 T,随后研究了工作电压对器件输出功率、转换效率的影响,得到结果如图 4.24 所示。随着工作电压的提升,尽管存在着一定波动,器件输出功率也随之升高。当工作电压为 880 kV 时,器件输出功率达到峰值,为 5.4 GW。随后输出功率不再随工作电压提升,这主要受限于单腔 TM_{020} 提取腔的功率提取能力,而通过对功率提取结构进行改进设计可以获得输出功率的提升[78-79]。当二极管电压为 680~820 kV 时,器件转换效率超过 33%,并且在 735 kV 电压下达到峰值,为 36.5%,但是此时微波起振很慢,脉宽仅有 20 ns。

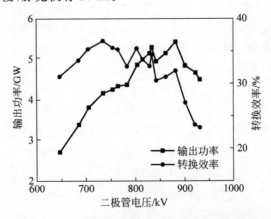

图 4.24　工作电压对输出功率、转换效率的影响

4.4.3　结构参数的影响

本书所提出的低磁场高效率 RBWO 的结构特征之一是在管头处引入了阳极腔结构,实现了对低磁场二极管中束流包络的径向压缩,促进了低磁场 RBWO 中的束流群聚进而提高工作效率。固定二极管电压、工作磁场,本书研究了实验中阳极腔宽度对器件功率的影响,研究结果如图 4.25 所示。随着腔宽度变窄,器件的输出功率也随之下降,实验结果与模拟结果吻合较好。当使用半径为 70 mm 的光滑圆波导替代阳极腔结构时,器件的输出功率降低至 4.3 GW。需要指出的是,由于强流电子束打靶方法的精确性不足,缺乏对束流包络进行精细诊断的实验手段,新型管头结构对束流包络的抑制作用并未在实验中进行验证。

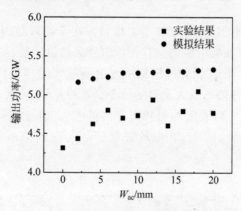

图 4.25　阳极腔宽度 W_{ac} 对功率的影响

低磁场高效率 RBWO 的另一个特征是在传输波导中引入了波导腔结构,通过对 RBWO 引入分布式的微波反射,增强了提取腔内的谐振场进而增强了集中式的渡越辐射。在实验中,当使用半径为 48 mm 的光滑圆波导替代波导腔结构时,器件的输出功率降低至 3.8 GW。本书进一步研究了波导腔到提取腔漂移距离 L_3 对功率的影响,结果如图 4.26 所示。当漂移距离 L_3 小于 50 mm 时,实验中器件功率产生了急剧下降,这可能是由于漂移距离过短导致大量电子束轰击到了波导腔上,产生了大量收集极等离子体,对微波产生了吸收,并且破坏了波导腔的反射作用;这也可能是由于器件中产生了非对称的角向模式,在波导腔中受到了不同幅度、相位的反射作用,造成了器件内谐振场的改变,导致了器件功率的急剧下降。

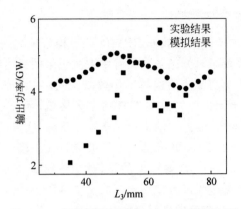

图 4.26   波导腔漂移距离 L_3 对功率的影响

　　低磁场高效率 RBWO 的典型工作特征在于提取腔内束波互作用的集中性,这就导致了在提取腔内会存在峰值较高的射频场,可能会产生射频击穿风险。图 4.27 给出了 PIC 模拟中发射场最大时器件内的射频场分布,模拟结果表明器件内的最大发射场位于提取腔左侧,达到 -900 kV/cm,这一幅度远超过钛材料表面的射频击穿阈值[80]。但是在经过近 5000 脉冲的微波产生实验后,图 4.28 中的提取腔结构在腔体两侧未见明显击穿痕迹。

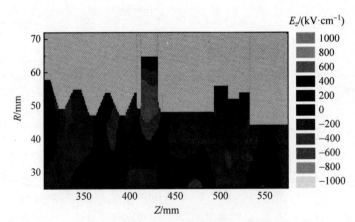

图 4.27   器件内的射频场分布(前附彩图)

图 4.28　实验后的提取腔结构

（a）腔体左侧结构；（b）腔体右侧结构

4.5　二极管绝缘性研究

　　由于实验中二极管的工作阻抗要明显低于模拟结果,本书对该低磁场器件工作时二极管的绝缘性进行了研究。图 4.29 给出了电流测量方案的示意图,驱动源的二极管电流通过位于驱动源锥面法兰左侧的罗氏线圈 I 测得,其直径为 870 mm,为了测量在二极管中的回流损失电流,绕制了如图 4.29(b)所示的直径为 340 mm 的罗氏线圈 II 并嵌于磁体法兰内。固定衰减通路后,经标定得到罗氏线圈 II 的分流比为 2.68 kA/V。

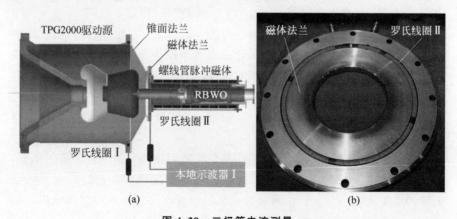

图 4.29　二极管电流测量

（a）罗氏线圈位置分布；（b）罗氏线圈 II 与磁体法兰

　　当引导磁场为 0.42 T,二极管电压为 815 kV 时,罗氏线圈 II 测得前向束流强度为 15.5 kA,对应 RBWO 的工作阻抗为 52.6 Ω,这一结果与模拟结果吻合较好。图 4.30 给出了此时前向束流的波形,与缓慢增长的二极管电流不同的是,当二极管电压达到平顶后,前向束流的幅度变化较为平缓,未出现持续性的增长,这说明实际上驱动 RBWO 工作的束流是基本稳定的。

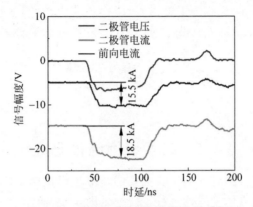

图 4.30　不同罗氏线圈测得的电流波形

罗氏线圈 I 和线圈 II 测量数值之间的差异源于二极管中损失在锥面法兰上的回流电流,这部分电子的轰击位置介于两个线圈之间,图 4.31 中给出了可能的回流电子运行轨迹。一方面,由阴极及同轴内导体表面发射的电子在结构电场作用下产生加速,由于引导磁场的约束不足,部分电子并不能到达阴极底座,而是直接轰击到锥面法兰上;另一方面,尽管阴极底座表面电场幅度低于 200 kV/cm,但由于二极管中的返流电子轰击到阴极底座上,导致阴极底座产生了二次电子发射,这部分二次发射的电子在二极管电场中获得了加速并且到达锥面法兰。根据图 4.19 与图 4.30 中二极管的电流波形,可知二极管中电子的发射区域在持续扩张,二极管区域内的发射电流也在持续增加。

随后在实验中对二极管电流、前向电流随引导磁场的变化进行了研究,图 4.31 右上角给出了实验结果。在低磁场工作区域(0.3~0.54 T)中,二极管回流损失约为 3 kA,在回旋共振区域附近(0.6~1.2 T)时回流损失超过 4 kA,随着引导磁场进一步增加,回流损失逐渐降低。

对于所设计的低磁场高效率 RBWO,在低磁场工作点下,扣除二极管区域约 3 kA 的回流损失后,实际上参与微波产生的前向电流对应转换效率为 40%,这就比较接近 42% 的器件模拟效率。尽管在二极管区域中损失

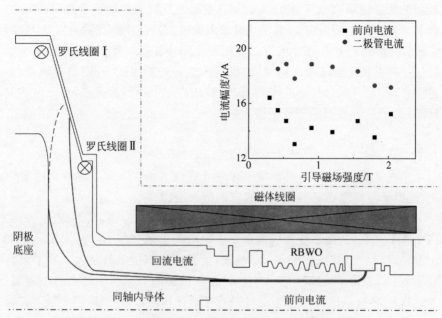

图 4.31　二极管中回流电流的运动轨迹与实验测量结果

了超过 16% 的二极管能量,并且产生了较大的功率浪费,但本书所设计的 RBWO 仍然具有在低磁场下高效率运行的能力,这一点在实验中得到了验证。

4.6　5 GW 源永磁包装方案

用于引导 HPM 产生器件的永磁系统包括均匀永磁系统[81] 和周期聚焦永磁系统[82]。通常均匀永磁系统的均匀区内轴向磁场分布均匀,而横向磁场较弱,可以实现对电子束沿轴向漂移的聚焦(用于实现束流径向聚焦的磁体系统,其磁场分布则恰好相反);周期聚焦永磁系统中磁场的幅度和方向在空间上呈周期性变化,其已经被广泛应用于大功率速调管[83] 中,但在高功率器件中的有效应用仍待探索。本节中对永磁体的研究和设计均指均匀聚焦的永磁体。

与电脉冲磁体系统相比,永磁系统的优势包括结构紧凑、无能耗、使用简单可靠三个方面。首先,永磁体通过拼接磁钢实现,系统体积较小且不需要附加电源;其次,永磁系统本身不消耗能量,也不产生热量,因此不需要外加的能量供应,更不需要庞大的制冷或水冷系统来控制工作温度;最后,由于永磁系统磁场恒定,不需要考虑磁场和电子束的同步,易于实现 HPM 源的高重频运行和长脉冲运行。永磁系统同样存在一些固有缺陷,如很难通过永磁系统来实现强磁场和大口径、长距离的均匀磁场,即使实现,成本也非常高。尽管如此,由于其在 HPM 技术应用中的巨大优势,永磁包装的 HPM 源仍具有重要的研究价值。

4.6.1　RBWO 永磁包装质量分析

永磁体的实现成本主要与引导磁场强度、RBWO 尺寸这两个因素有关,同时还需要考虑是否加强二极管的绝缘设计。

首先,以目前使用较为广泛的永磁材料 NdFeB 为例,其剩磁 B_r 通常在 1.3 T 左右,通常工作磁场低于 0.6 T 时的永磁体较为容易实现。在固定 RBWO 尺寸时,工作磁场 B_0 越强,所需的磁钢质量就越大。本书以内径 $D = 100$ mm、均匀区长度 $L = 200$ mm、以轴向充磁为主的永磁体为例,通过软件 Maxwell 16.0 对永磁体进行了设计和模拟,得到磁钢质量与磁场强度的关系如表 4.4 所示。当磁场强度 $B_0 = 0.3$ T 时,所需磁钢质量仅为 110 kg;当磁场强度为 1 T 时,需要超过 2 t 的磁钢来对器件进行永磁包装,且磁场的均匀性很难保证。

其次,并不是所有的低磁场器件都适合永磁包装。当工作磁场确定时,器件的尺寸决定了所需永磁体的质量与成本。表 4.4 同样给出了同一磁场下磁体内径、均匀区长度对所需磁钢质量的影响。对于 0.3 T 引导磁场,磁钢质量 m 与磁场均匀区的长度 L 近似呈线性关系;当磁体内径 D 不超过 200 mm 时,磁钢质量 m 与磁体内径尺寸 D 近似呈线性关系,但当磁体内径 D 超过 200 mm 时,在设计时就需要额外的磁钢来对磁场均匀性进行补偿,导致磁体质量大幅增加。在工程实现上,对于内径较大、质量较大的磁体,其磁钢烧结、取向和充磁的难度也会增大。

表 4.4　磁钢质量与引导磁场、器件尺寸的关系

引导磁场 B_0/T	磁体内径 D/mm	磁场均匀区长度 L/mm	磁钢质量 m/kg
0.3	100	200	110
0.6	100	200	430
1.0	100	200	2200
0.3	50	200	45

续表

引导磁场 B_0/T	磁体内径 D/mm	磁场均匀区长度 L/mm	磁钢质量 m/kg
0.3	200	200	290
0.3	400	200	1100
0.3	100	400	330
0.3	100	600	630

最后,考虑是否需要加强 RBWO 二极管的绝缘设计,也会对永磁体的设计与实现成本产生较大影响。西核所李小泽等于 2019 年研制出一套用于 Ku 波段 RBWO 的永磁体[84],该磁体左、右两侧的磁钢结构为径向充磁,中间位置处的磁钢为轴向充磁,磁钢总重量为 200 kg,磁场均匀区强度为 0.94 T。当器件工作时,二极管同轴内导体区电场幅度达到 800 kV/cm,为了增强二极管的绝缘性,在阴极附近进行了局部增强磁场的设计,导致磁体左侧径向充磁的磁钢结构非常庞大,占据了近 50% 的磁钢重量。由于所需磁场较强和非均匀位型的设计,该磁体轴向上长度达 450 mm,而均匀区长度为 120 mm,磁钢利用率不高。若能够降低二极管区域的电场幅度,降低绝缘要求,磁体成本将大幅降低。

对于本书所设计的低磁场高效率 RBWO,工作所需磁场幅度为 0.42 T,器件外径为 160 mm、工作所需磁场均匀区长度为 400 mm,器件工作时同轴内导体区域电场幅度小于 350 kV/cm,分析认为是实现 5 GW 级永磁包装 HPM 源的可行路线。

4.6.2　C 波段 5 GW 源永磁体方案设计

根据 C 波段低磁场高效率 RBWO 的实验结果,对可提供该器件工作所需引导磁场的永磁体进行了设计。图 4.32 给出了初步设计结果,图中紫色结构为使用了烧结钕铁硼材料 N50M 的磁钢块,材料剩磁 $B_r = 1.4$ T,磁钢均采用了径向的充磁方式。图中黑色部分为碳素结构钢材料 Q235 作为磁钢块的支撑结构。图中彩色曲线为电子束漂移半径上的磁力线分布,黑色曲线给出了轴向磁场强度分布,磁场均匀区场强为 0.42 T,长度为 400 mm。磁体总长为 700 mm,内径为 162 mm,外径为 472 mm,总重为 530 kg,该磁体磁钢利用效率较高,在工程上是可实现的。若工作磁场能够降低至 0.36 T,则磁体外径可缩小至 360 mm,相应磁体重量可降低至 380 kg。

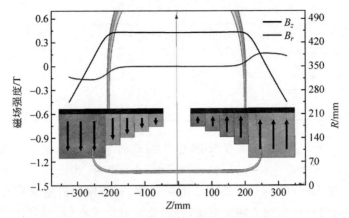

图 4.32　永磁体初步设计结果(前附彩图)

表 4.5 列出了目前公开报道的永磁包装 HPM 源,目前功率最高的永磁包装器件为 1.6 GW 的 S 波段相对论磁控管[85]和 1.06 GW 的 Ku 波段 RBWO[84],转换效率均不超过 25%。如果能够将本书所设计的 C 波段低磁场高效率 RBWO 进行永磁包装并获得与螺线管磁场中相当的工作结果,从功率、效率角度来看将具有较高的实际应用价值。

表 4.5　现有永磁包装器件工作指标对比

研究机构	器件类型	引导磁场/T	工作频率/GHz	输出功率/GW	效率/%
俄罗斯电物理所	RBWO[86]	1.45	70.0	0.001	0.4
中物院	RBWO[87]	0.46	9.1	0.9	23
西核所	RBWO[84]	0.94	16.2	1.06	25
电子科大	RM[85]	0.49	2.8	1.6	16
国防科大	RM[88]	0.3	2.3	1.0	24
本书设计方案	RBWO	0.42	4.4	5.0	33*

*:该器件效率为螺线管磁场效率,非永磁体磁场效率。

表 4.6 列出了目前输出功率超过 2 GW、具有永磁包装潜力的 HPM 产生器件,并对器件所需永磁包装的成本进行了粗略估算。其中 L 波段 RKA[16]的腔体外径约 360 mm,所需引导场强 0.36 T、均匀区长度约为 800 mm,所需永磁体需要 2 t 以上的磁钢才能实现;S 波段的 RBWO[33]外径 220 mm,所需引导场强 0.44 T、均匀区长度约 600 mm,所需永磁体需要 700 kg 以上的磁钢;X 波段 3 倍过模 RBWO[25]二极管直径约 140 mm,所需引导场强为 0.7 T、均匀区长度约 200 mm,所需永磁体需要 400 kg 左右

的磁钢。

表 4.6　具有永磁包装潜力的 HPM 器件

研究机构	器件类型	引导磁场/T	工作频率/GHz	输出功率/GW	转换效率/%	永磁包装所需磁钢/kg
美海军实验室	RKA	0.36	1.3	2.9	50	＞2000
俄大电流所	RBWO	0.44	3.7	3.4	24	＞700
国防科大	过模 RBWO	0.7	9.5	2.0	28	≈400
本书设计方案	RBWO	0.42	4.4	5.0	33	≈530

综合目前低磁场器件的功率、效率与永磁包装成本,经分析研究,本书设计的 C 波段 5 GW 永磁包装方案在工程实现上是可行的,在输出功率、转换效率上性能较优,具有较好的永磁包装应用前景。

4.7　小　　结

为了对第 2 章中束流振幅控制、第 3 章中增强谐振电场以提升器件效率的设计原则进行验证,对提出的新型 RBWO 在低磁场下实现高效产生数吉瓦微波的能力进行实验验证,本章主要展开了器件的实验研究。

本章首先给出了实验系统的工作原理、实验平台的基本介绍、RBWO 组件的机械设计结果和 HPM 传输与发射系统的结构组成,对实验中参数的测量方法和信号通路、晶体检波器的标定结果进行了介绍。

然后在 TPG2000 驱动源平台上开展了低磁场高效率 RBWO 的实验研究。经过大量工作参数和器件结构参数的调节,获得了典型的器件工作状态:在 0.42 T 引导磁场下,当二极管电压为 815 kV,电流为 18.5 kA 时,该新型 RBWO 在实验中产生微波功率为 5.0 GW,微波频率为 4.4 GHz,对应功率转换效率为 33%。

实验首次验证了新型管头结构、波导反射结构对于提高低磁场 RBWO 工作效率的作用。通过引入阳极腔结构,器件工作效率提升了 5%;通过引入波导腔结构,器件工作效率提升了 7%。

实验研究了该新型器件在低磁场下的工作特性。结果表明,当引导磁场强度在 0.38~0.48 T 时,器件均可产生大于 3.5 GW 的微波辐射;验证了该器件在低磁场下的高效工作能力,为数吉瓦功率永磁包装 HPM 源的研究奠定了基础。

接下来开展了二极管绝缘特性的研究。经罗氏线圈测量,在 0.42 T 引导磁场下,当二极管电压为 815 kV 时,在二极管区域存在约 3 kA 的回流电流,造成了 16% 以上的电子束功率损失。研究结果表明,驱动 RBWO 的前向电子束电流幅度相对稳定,有效束流对应 RBWO 中的束波互作用效率为 39.6%。

最后基于实验结果进行了永磁体的初步方案设计。磁钢选用烧结钕铁硼材料 N50M,采用径向充磁方式,磁场均匀区磁场强度为 0.42 T,长度为 400 mm,能够满足 RBWO 的运行需求。永磁体总长为 700 mm,内径为 162 mm,外径为 472 mm,总重为 530 kg,该设计在工程上是可实现的。

第 5 章　总结与展望

5.1　主要工作与结论

HPM 源的实际应用提出了对紧凑化和小型化 HPM 器件的研究需求，本书针对传统速调型 RBWO 在低磁场下工作时存在的束流包络横向展宽较宽、群聚电流较低、能量提取不充分等诸多不足，着眼于对强流电子束振荡包络的有效控制，研究并提出了一种低磁场高效率 RBWO。与传统速调型 RBWO 相比，新型器件引入了对束流相位的调控、对振荡幅度的抑制，结合了对微波器件内射频功率分布的控制，更适应于低磁场工作；同时，引入了波导反馈结构，在功率容量允许的条件下增强了对束流能量的提取。基于理论分析与数值模拟结果，本书在对新型器件结构的实验研究中大幅提高了 C 波段低磁场 RBWO 的工作效率，并为输出微波功率在 5 GW 水平的永磁包装 HPM 源提供了可行的技术路线与方案。

本书的主要内容和结论总结如下：

(1) 低磁场 RBWO 束流相位控制研究

对无箔二极管中环形束流包络的产生和低磁场漂移管中束流包络的传输特性展开了理论、模拟和实验研究。无箔二极管工作时，从不同阴极位置处发射出的电子在准静电场中获得了不同的横向速度，因而在自身的振荡中处于不同的振荡相位、具有不同的振荡幅度，在空间上构成了环形束流包络，伴随着电子束流密度的非均匀分布。通过 PIC 模拟和强流电子束轰击目击靶的方式对束流包络的周期性和束流密度的非均匀分布进行了验证，实验中振荡周期与理论、模拟结果吻合较好。在束流密度较高的相位上电子沉积痕迹较深、颜色呈深灰色；在束流密度较低的相位上电子沉积痕迹较浅、颜色呈浅黄色。

对环形电子束在不同模式、不同分布的强微波场下的振荡特性进行了理论分析。单粒子模拟结果表明，进入 TM_{02} 模驻波场中的振荡相位会对包络的扩散程度产生明显影响。由于 TM_{021} 反射器内部的场分布为 TM_{01}

和 TM_{02} 模驻波的混合,通过调控进入反射器内的束流相位可以控制束流的横向扩散程度,进而可以降低束流在能量调制过程中的能散,提升束波互作用效率。随后基于传统的 KL-RBWO 构型开展了实验研究,在实验中通过对束流振荡相位的控制,将速调型 RBWO 的低磁场工作效率由 20% 提升至 28%。

(2) 低磁场 RBWO 束流振幅控制研究

对有限大磁场下速调型 RBWO 中的束-波互作用过程进行了理论研究,建立了三维非线性理论模型,通过数值计算方法,研究了束流初始振幅对速调型 RBWO 工作效率的影响。研究结果表明,低磁场下强流电子束过高的横向振荡速度会降低谐振场受到的射频激励、削弱电子受到的作用,进而导致超过 5.2% 的效率下降,而强磁场下这一影响仅为 1.4%。

通过理论研究给出了局部径向电场对束流横向振荡的影响关系;得到了局部电场扰动下电子振荡幅度的变化以及变化幅度取决于电子的振荡相位和电场幅度的结论。通过合理设计二极管参数调控束流相位,使得包络外侧电子在径向电场中减速、包络内侧电子在径向电场中加速,在阳极上引入腔体结构增强局部径向电场幅度,可以有效抑制束流的包络振幅。提出并实现了通过抑制束流振幅提高转换效率的方法。模拟结果表明,该方法显著增强了低磁场 RBWO 中的束流群聚,将速调型 RBWO 的低磁场工作效率由 30% 提升至 34%。

(3) 低磁场 RBWO 束波互作用增强设计

根据微波产生的基本原理,分析得出了通过增强谐振电场来提升功率效率的方法。提出了一种反馈增强型 RBWO 结构,通过在波导中引入反射结构,将少量微波反馈至提取腔,使得提取腔外观品质因数 Q_{ext} 增加的同时反射特性改变较小,增强了对群聚束流的功率提取。模拟结果表明,该方法显著增强了提取腔内的谐振电场,将速调型 RBWO 的低磁场工作效率由 30% 提升至 35%;类似地,可以将群聚增强型 RBWO 的低磁场工作效率由 34% 提升至 40%。

结合效率提升的物理思想,进行了 C 波段低磁场高效率 RBWO 的器件设计。分析了二极管、谐振反射器、慢波结构和提取腔等基本结构的工作原理,给出了参数选取原则,介绍了通过非均匀慢波结构、内反射器实现管体射频功率调控的原理。基于粒子模拟软件 UNIPIC 开展了模拟研究,给出了代表性结果,分析了工作参数对器件的影响。在 0.32 T 引导磁场下,当二极管电压、电流分别为 820 kV、15.5 kA 时,所设计的低磁场高效率

RBWO 输出微波功率为 5.3 GW、工作频率为 4.36 GHz,对应转换效率为 42%。

（4）低磁场高效率 RBWO 实验研究

基于 TPG2000 驱动源平台搭建了实验系统,开展了低磁场高效率 RBWO 实验研究,获得了典型的器件工作状态。在 0.42 T 引导磁场下,当二极管电压、电流分别为 815 kV、18.5 kA 时,所设计的低磁场高效率 RBWO 实现了频率为 4.4 GHz、功率为 5.0 GW 的 HPM 输出,对应转换效率为 33%。基于实验首次验证了新型管头结构、波导反射结构对于提高低磁场 RBWO 工作效率的作用,开展了二极管绝缘特性的研究,经两个罗氏线圈测得二极管区域存在约 3 kA 的回流电流,造成了 16% 以上的电子束功率损失。

最后分析了影响 O 型 HPM 器件永磁包装成本的基本要素,基于器件实验结果进行了永磁体的初步设计,给出了 5 GW 级 HPM 源永磁包装设计方案。所设计磁体选用烧结钕铁硼材料 N50M,磁钢采用径向的充磁方式,场强 0.42 T,均匀区长度 400 mm,能够满足 C 波段低磁场高效率 RBWO 的运行需求。永磁体总长 700 mm,总重 530 kg,这在工程上是可实现的。

5.2　主要创新点

本书阐述了低磁场下强流相对论电子束振荡包络在强微波场中的传输特性,揭示了 RBWO 中束流的横向扩散与束流进入 TM_{02} 驻波场相位的规律,提出了通过控制进入驻波场束流相位以提升低磁场相对论返波管工作效率的方法,并在低磁场器件实验中验证了该方法的有效性。

本书提出了一种复合增强型相对论返波管。开展了束波互作用三维非线性理论研究,据此提出了一种带阳极腔的管头结构,有效降低了低磁场下的横向束流包络振幅,提高了群聚电流;同时通过在传输波导中引入反射结构,将少量微波反馈至提取腔,增强了局部谐振电场。基于所提出的器件构型在实验中实现了功率为 5.0 GW、效率为 33% 的 C 波段微波输出,功率和效率在国际上公开报道的同频段低磁场器件中处于先进水平。

5.3　存在问题与工作展望

由于研究时间、实验条件和作者的学术水平有限,目前的研究仍存在很多不足之处,很多问题仍待进一步研究:

(1) 低磁场束流的实验诊断

本书在低磁场束流实验中采用了轰击目击靶的方法,通过观测靶片上沉积的痕迹来推断漂移管中的束流状态。由于靶片上束流的轰击痕迹与靶材的性能、束流的能量、束流的密度分布等参数密切相关,因此该方法测量准确度受限,尤其是在低磁场情形下包络展宽较宽的束流振荡相位很可能由于束流密度过低导致沉积痕迹模糊。同时无箔二极管中靶片的存在可能改变二极管负载状态,导致实测结果与 RBWO 工作中的束流状态存在差异。为了降低实验误差,促进对阴极发射机制的进一步认识和低磁场束波互作用的深入研究,直接对束流振幅与密度分布进行测量的方法还有待进一步探索。

(2) 低磁场下的二极管绝缘

在本书采用的技术方案中,通过二极管结构参数和工作电压的选取,使得同轴内导体表面的电场低于不锈钢 304 材料的发射阈值。然而在基于 TPG2000 驱动源开展的实验中,通过位于不同位置的罗氏线圈测得二极管区域存在超过 16% 的回流电流,造成了能量损失与转换效率的下降。初步认为,二极管绝缘性与驱动源二极管结构、导体材料、工作波形、微波产生器件等因素相关,为了提升器件工作效率,应对这些因素展开深入研究。需要对技术方案进行改进以获得良好的绝缘性,同时抑制二极管回流损失以提升总体束波转换效率。

(3) 阴极的自调制机制

本书在对束流相位的研究中,对谐振反射器与二极管加速区之间进行了射频隔离的假设,在速调型 RBWO 的谐振反射器中也实现了对 99% 以上射频功率的反射。但在二极管区域中仍然存在百兆瓦级的射频功率,并且通过调节内反射器、阳极腔结构会影响阴极附近电压的射频调制,同时发射电流也会受到调制作用。因此 RBWO 中阴极发射的自调制机制及其影响有待进一步研究。

(4) 永磁包装高效率 RBWO 的研究

为了推进 HPM 源的实用化,基于低磁场下高效工作的 RBWO 进一步研制永磁包装下高效工作的 RBWO 是课题研究的最终目标所在。本书给出了 C 波段永磁包装 HPM 源的初步设计方案,由于永磁体成本高昂,存在研制风险高、工程周期长等问题,未能开展永磁包装下的实验研究工作。在永磁体位型下二极管的绝缘和 RBWO 的高效工作,是推进 HPM 源实际应用的必要研究工作。

参 考 文 献

[1] 巴克,尚洛卢.高功率微波源与技术[M].刘国治,周传明,译.北京:清华大学出版社,2005.

[2] BENFORD J,SWEGLE J A,SCHAMILOLU E. High power microwaves(Third Edition)[M]. Norwood,Mass:Taylor & Francis,2015.

[3] BENFORD J. Space applications of high-power microwaves[J]. IEEE Transactions on Plasma Science,2008,36(3):569-581.

[4] 周传明,刘国治,刘永贵等.高功率微波源[M].北京:原子能出版社,2007.

[5] 布鲁姆.脉冲功率系统的原理与应用[M].江伟华,张弛,译.北京:清华大学出版社,2008.

[6] GIRI D V,LACKNER H C,BAUM E,et al. Design,fabrication and testing of a paraboloidal reflector antenna and pulse system for impulse-like waveforms[J]. IEEE Transactions on Plasma Science,1997,25(2):318.

[7] GOLD S H,NUSINOVICH G S. Review of high-power microwave source research [J]. Review of Scientific Instruments,1997,68(11):3945-3974.

[8] 王华军.回旋管电子枪 CAD[D].成都:电子科技大学,2000.

[9] 曹亦兵.基于渡越辐射新型高功率微波源的研究[D].长沙:国防科技大学,2012.

[10] BUGAEV S P,CHEREPENIN V A,KANAVETS V I,et al. Relativistic multiwave Cherenkov generators[J]. IEEE Transactions on Plasma Science, 1990,18(3):525-536.

[11] KOROVIN S D,KURKAN I K,PEGEL I V,et al. Gigawatt S-band frequency-tunable HPM sources[C]//25th International Power Modulator Symposium. [S. l. :s. n.],2002:244-247.

[12] KLIMOV A I,KURKAN I K,POLEVIN S D,et al. A multigigawatt X-band relativistic backward wave oscillator with a modulating resonance reflector[J]. Techical Physics Letters,2008,34:235-237.

[13] BURKHART S. Mutigigawatt microwave generation by use of a virtual cathode oscillator driven by a 1-2MV electron beam[J]. Journal of Applied Physics,1987, 62:75-78.

[14] PLATT R,ANDERSON B,CHRISTOFFERSON J,et al. Low-frequency, multigigawatt microwave pulses generated by a virtual cathode oscillator[J]. Applied Physics Letters,1989,54:1215-1216.

[15] FRIEDMAN M,SERLIN V,LAU Y Y,et al. Relativistic klystron amplifier Ⅰ: High-power operation[J]. SPIEvolume 1407 Intense Microwave and Particle Beams,1991:2-7.

[16] FRIEDMAN M,FERNSLER R,SLINKER S,et al. Efficiency conversion of the

energy of intense relativistic electron beams to RF waves[J]. Physical Review Letters,1995,75: 1214-1217.

[17] HENDRICKS K J, HAWORTH M D, ENGLERT T, et al. Increasing the RF energy per pulse of an RKO[J]. IEEE Transactions on Plasma Science,1998,26: 320-325.

[18] HAWORTH M D, BACA G, BENFORD J N, et al. Significant pulse-lengthening in a multi-gigawatt magnetically insulated transmission line oscillator[J]. IEEE Transactions on Plasma Science,1998,26: 312-319.

[19] LEACH C, PRASAD S, FUKS M I, et al. Experimental demonstration of a high-efficiency relativistic magnetron with diffraction output with spherical cathode endcap[J]. IEEE Transactions on Plasma Science,2017,45: 282-288.

[20] ZHANG Y P, LIU G Z, SHAO H, et al. Numerical and experimental studies on frequency characteristics of TE_{11}-Mode enhanced coaxial vircator [J]. IEEE Transactions on Plasma Science,2011,39: 1762-1767.

[21] XIAO R Z, ZHANG X W, ZHANG L J, et al. Efficient generation of multi-gigawatt power by a klystron-like relativistic backward wave oscillator[J]. Laser and Particle Beams,2010,28(3): 505-511.

[22] SONG W, CHEN C H, SUN J, et al. Investigation of an improved relativistic backward wave oscillator in efficiency and power capacity[J]. Physics of Plasmas, 2012,19: 103111.

[23] MA Q S, LI Z H, LU C Z, et al. Efficient operation of an oversized backward-wave oscillator [J]. IEEE Transactions on Plasma Science, 2011, 39 (5): 1201-1203.

[24] WU Y, XU Z, JIN X, et al. A long pulse relativistic klystron amplifierdriven by low RF power [J]. IEEE Transactions on Plasma Science, 2012, 40 (10): 2762-2766.

[25] ZHANG J D, GE X J, ZHANG J, et al. Research progresses on Cherenkov andtransit-time high-power microwave sourcesat NUDT[J]. Matter and Radiation at extremes,2016,1: 163-178.

[26] FAN Y W, ZHONG H H, ZHANG J D, et al. A long-pulse repetitive operation magnetically insulatedtransmission line oscillator [J]. Review of Scientific Instruments,2014,85: 053512.

[27] 陈昌华,刘国治. 相对论返波管导论[M]. 北京: 科学出版社,2020.

[28] LEMKE R W, CLARK M C, MARDER B M. Theoretical and experimental investigation of a method for increasing the output power of a microwave tube based on the split-cavity oscillator [J]. Journal of Applied Physics, 1994, 75: 5423.

[29] 李兰凯,赵保志,戴银明,等. 磁场对传导冷却超导磁体系统制冷机的影响[J]. 低

温物理学报,2012,34(3):195-199.

[30] NATION J A. On the coupling of an high-current relativistic electron beams to a slow wave structure[J]. Applied Physics Letters,1970,17(11):491-494.

[31] GUNIN A V,KLIMOV A I,KOROVIN S D,et al. Relativistic X-band BWO with 3-GW output power[J]. IEEE Transactions on Plasma Science,1998,26(3):326-331.

[32] GUNIN A V, KOROVIN S D, KURKAN I K,et al. Relativistic BWO with electron beam pre-modulation [C]//Proceedings of the 12th International Conference on High-Power Particle Beams. [S. l. :s. n.],1998.

[33] KLIMOV A I,KURKAN I K,POLEVIN S D,et al. A periodic pulsed relativistic backward wave oscillator mechanically tunable in an expanded frequency band [J]. Techical Physics Letters,2007,33:1057-1060.

[34] 宋志敏. 带谐振腔反射器的低磁场返波管研究[D]. 西安:西北核技术研究院,2006.

[35] ZHANG J,JIN Z X,YANG J H,et al. Recent advances in long-pulse HPM sources with repetive operations in S-,C-,and X-bands[J]. IEEE Transactionson Plasma Science,2011,39(6):1438-1445.

[36] GAO L,QIANG B L,GE X J. A compact P-band coaxial relativistic backward wave oscillator with only three periods slow wave structure[J]. Physics of Plasmas,2011,18:103111.

[37] BUGAEV S P,KANAVETS V I,KLIMOV A I,et al. Relativistic multiwave Cerenkov generator[J]. Technical Physics Letters,1983,9:596.

[38] XIAO R Z,TAN W B,LI X Z,et al. A high-efficiency overmoded klystron-like relativistic backward wave oscillator with low guiding magnetic field[J]. Physics of Plasmas,2012,19,093102.

[39] 谭维兵.过模低磁场相对论返波管关键技术研究[D]. 西安:西北核技术研究所,2013.

[40] 张华.Ku 波段低导引磁场过模 Cerenkov 型高功率微波振荡器研究[D]. 长沙:国防科技大学,2014.

[41] ROSTOV V V,GUNIN A V,TSYGANKOV R V,et al. Two-wave Cherenkov oscillator with moderatelyoversized slow-wave structure[J]. IEEE Transactions on Plasma Science,2018,48(1):33-41.

[42] ROSTOV V V,TOTMENINOV E M ,TSYGANKOV R V,et al. Two-wave Ka-band nanosecond relativistic Cherenkov oscillator [J]. IEEE Transactions on Electron Devices,2018,65(7):3019-3025.

[43] ROSTOV V V,ROMANCHENKO I V,TSYGANKOV R V,et al. Numerical and experimental investigation of 4mm wavelength microwave oscillatorbased on high-current compact accelerator[J]. Physics of Plasmas,2018,25:073110.

[44] CAO Y B,ZHANG J,HE J T. A low-impedance transit-time oscillator without foils[J]. Physics of Plasmas,2009,16(8): 083102.

[45] DANG F C,ZHANG X P,ZHONG H H,et al. Simulation investigation of a Ku-band radial line oscillator operating at low guiding magnetic field[J]. Physics of Plasmas,2014,21: 063307.

[46] DANG F C,ZHANG X P,ZHANG J,et al. Experimental demonstration of a Ku-band radial-line relativistic klystron oscillator based on transition radiation[J]. Journal of Applied Physics,2017,121: 123305.

[47] 陈代兵,范植开,周海京,等. L波段硬管磁绝缘线振荡器的研制[J].强激光与粒子束,2007,19(8): 1352-1356.

[48] 李志强,钟辉煌,樊玉伟,等.S波段锥形磁绝缘线振荡器长脉冲实验研究[J].强激光与粒子束,2008,20(4): 255-258.

[49] 罗雄,廖成,孟凡宝,等.同轴虚阴极振荡器实验研究[J].强激光与粒子束,2006,18: 249-252.

[50] LIU G Z,SHAO H,YANG Z F,et al. Coaxial cavity vircator with enhanced efficiency[J]. Journal of Plasma Physics,2008,74: 233-244.

[51] TOTMENINOV E M, KLIMOV A I, ROSTOV V V, et al. Relativistic Cherenkov microwaveoscillator without a guiding magnetic field [J]. IEEE Transactions on Plasma Science,2009,37(7): 1242-1245.

[52] TOTMENINOV E M,KITSANOV S A,VYKHODTSEV P V,et al. Repetitively pulsed relativistic Cherenkov microwave oscillator without a guiding magnetic field[J]. IEEE Transactions on Plasma Science,2011,39(4): 1150-1153.

[53] 郭力铭.无导引磁场 X 波段 Cerenkov 型高功率微波振荡器研究[D].长沙:国防科技大学,2014.

[54] GOEBEL D M,SCHUMACHER R W,EISENHRT R L,et al. Performance and pulse shortening effects in a 200 kV PASOTRON HPM source [J]. IEEE Transactions on Plasma Science,1998,26: 354.

[55] CARMEL Y, MINAMI K, KEHS R A, et al. Demonstration of efficiency enhancement in a high-powerbackward-wave oscillator by plasma injection[J]. Physical Review Letters,1989,62: 2389.

[56] 秦奋.磁绝缘线振荡器重频运行技术研究[D].绵阳:中国工程物理研究院,2016.

[57] TOT'MENINOV E M, VYKHODTSEV P V, KITSANOV S A, et al. Relativistic backward-wave tube with mechanically tunable generation frequency over a 14% range[J]. Techical Physics Letters,2011,56: 1009-1012.

[58] XIAO R Z,CHEN C H,ZHANG X W,et al. Efficiency enhancement of a high power microwave generator based on a relativistic backward wave oscillator with a resonant reflector[J]. Journal of Applied Physics,2009,105(1): 053006.

[59] WANG J G, ZHANG D H, LIU C L, et al. UNIPIC code for simulations of highpower microwave devices[J]. Physics of plasmas, 2009, 16(3): 033108.

[60] 彭建昌, 苏建仓, 张喜波, 等. 20 GW/100 Hz 脉冲功率源研制[J]. 强激光与粒子束, 2011, 23(11): 2919-2924.

[61] 张广帅. 低磁场无箔二极管电子束径向振荡抑制研究[D]. 西安: 西北核技术研究院, 2018.

[62] 史彦超. RBWO 互作用结构高频特性分析[D]. 西安: 西北核技术研究所, 2012.

[63] 吴平. 结构场增强爆炸发射阴极研究[D]. 北京: 清华大学, 2017.

[64] 叶虎. 百兆瓦 60 GHz 高功率微波产生研究[D]. 北京: 清华大学, 2017.

[65] LEVUSH B, ANTONSEN T M, BROMBORSKY A, et al. Theory of relativistic backward-wave oscillators with end reflections[J]. IEEE Transactions on Plasma Science, 1992, 20(3): 263-280.

[66] VLASOV A, NUSINOVICH G, LEVUSH B, et al. Relativistic backwardwave oscillators operating near cyclotronresonance[J]. Physics of Fluids B, 1993, 5: 1625.

[67] 滕雁. 高效同轴相对论返波管研究[D]. 北京: 清华大学, 2010.

[68] 刘乃泉, 林郁正, 刘国治. 加速器理论[M]. 北京: 清华大学出版社, 2004.

[69] 张克潜, 李德杰. 微波与光电子学中的电磁理论[M]. 北京: 电子工业出版社, 2001.

[70] 丁耀根. 大功率速调管的设计制造和应用[M]. 北京: 国防工业出版社, 2010.

[71] 肖仁珍, 滕雁, 宋志敏, 等. 速调型相对论返波管理论研究[J]. 强激光与粒子束, 2012, 24(3): 747-751.

[72] 宋玮, 陈昌华, 孙钧, 等. X 波段相对论返波管谐振反射器[J]. 强激光与粒子束, 2010, 22(4): 853-856.

[73] 张泽海. 改进型 S 波段相对论速调管放大器及其锁相特性研究[D]. 长沙: 国防科技大学, 2012.

[74] CHEN C H, XIAO R Z, SUN J, et al. Effect of non-uniform slow wave structure in a relativistic backward wave oscillatorwith a resonant reflector [J]. Physics of Plasmas, 2013, 20: 113113.

[75] 彭建昌, 苏建仓, 宋晓欣, 等. 40GW 重复频率脉冲驱动源研制进展[J]. 强激光与粒子束, 2010, 22(4): 071205.

[76] 波扎. 微波工程(第四版)[M]. 谭云华, 周乐柱, 吴德明, 等译. 北京: 电子工业出版社, 2019.

[77] 张黎军, 陈昌华, 滕雁, 等. 高功率微波辐射场远场测量方法[J]. 强激光与粒子束, 2016, 28(5): 053002.

[78] XIAO R Z, CHEN C H, CAO Y B, et al. Improved power capacity in a high efficiency klystron-like relativistic backward waveoscillator by distributed energy extraction[J]. Journal of Applied Physics, 2013, 114: 213301.

[79] XIAO R Z, CHEN C H, ZHANG X W, et al. Fundamental harmonic current distribution in a klystron-likerelativistic backward wave oscillator by two premodulation cavities[J]. Applied Physics Letters, 2013, 102: 133504.

[80] XIE J L, CHEN C H, CHANG C, et al. Dynamic of microwave breakdown in the localized places of transmitting line drivingby Cherenkov-type oscillator [J]. Physics of Plasmas, 2016, 25: 023303.

[81] 胡祥刚, 宋玮, 李兰凯, 等. 用于高功率微波器件的永磁体的设计和测试[J]. 强激光与粒子束, 2016, 28(3): 033017.

[82] HESS M, CHEN C P. Beam confinement in periodic permanent magnet focusing klystrons[J]. Physics letters A, 2002, 295: 305-310.

[83] CARYOTAKIS G, JONGEWAARD E, PHILLIPS R, et al. A 2-gigawatt, 1-microsecond, microwave source [C]//11th International conference on High Power Particle Beams. [S. l.]: IET, 1996, 1: 406-409.

[84] LI X Z, SONG W, TAN W B, et al. Experimental study of a Ku-Band RBWO packaged with permanent magnet[J]. IEEE Transactionson Electron Devices, 2019, 69(10): 4408-4412.

[85] 张艳林. 永磁包装可调谐相对磁控管的研究[D]. 成都: 电子科技大学, 2012.

[86] SHPAK V G, SHUNAILOV S A, ULMASKULOV M R, et al. A 70 GHz high power repetitive backward wave oscillator with a permanent-magnet-based electron-optical system [C]//11th International Conference on High-Power Particle Beams. [S. l.]: IET, 1996, 1: 473-476.

[87] 马乔生, 张运俭, 李正红, 等. X波段永磁包装相对论返波管研制[J]. 强激光与粒子束, 2017, 29(2): 023002.

[88] LI W, ZHANG J, LI Z Q, et al. A portable high power microwave source with permanent magnets[J]. Physics of Plasmas, 2016, 23: 063109.